GRUNDANGELEI ALS FEINER SPORT

VON

DR. WINTER

MIT 66 TEXTABBILDUNGEN

MÜNCHEN UND BERLIN 1921
DRUCK UND VERLAG VON R. OLDENBOURG

Dem unentwegten Lehrer und Prediger neuer,
verfeinerter, deutscher Angelkunst,

Herrn Dr. Karl Heintz

in kollegialer Hochachtung gewidmet
vom Verfasser

Vorrede.

Die Anfänge dieses Schriftchens datieren zurück bis zum Jahre 1916, wo ich in den freien Stunden, welche mir der Dienst übrigließ, begann, meine Erinnerungen und Erfahrungen geschlossen niederzulegen, hauptsächlich angeregt durch unsere kleine Anglergemeinde, welche sich nach und nach im Kameradenkreise gebildet hatte.

Von Hause aus ein Anhänger und Verehrer feinen Sportes — vielleicht deshalb, weil ich frühzeitig die Flugangelei lernte — habe ich stets das Bestreben gehabt, durch Wort und Beispiel für diesen neue Bekenner zu werben.

Abgesehen von dem erhöhten Reiz und der innerlichen Befriedigung, wüßte ich nicht leicht eine erzieherische Tätigkeit zu nennen, welche dem Manne mehr Kaltblütigkeit, Überlegung und Selbstvertrauen einzuflößen und zu lehren imstande wäre, als das Kämpfen gegen die rohe Naturkraft des schweren Fisches mit Hilfe des feinen und feinsten Zeuges.

Ein solcher Angler ist zu vergleichen mit einem Rapierfechter, welcher mit dem feinen biegsamen Stahl in der Faust den Kampf mit einem an Größe und Kraft oft vielfach überlegenen Gegner, der aber seelisch und technisch nicht auf der Höhe steht, aufnimmt und siegreich zu seinem Gunsten entscheidet, wie er es eben gelernt hat, roher Kraft technische Überlegenheit, kaltes Blut und scharfen Blick für die Blöße des Gegners gegenüberzustellen.

Zu diesem erziehlichen Moment tritt noch das gesundheitliche hinzu — das Entspannen des Geistes in freier Natur — die Ablenkung vom verzehrenden und erschöpfenden Alltagsleben und von mechanischer Tätigkeit.

All das zusammen hat mich bestimmt, meine Niederschrift vor allem der Grundangelei zu widmen — einmal: weil sie, bei uns wenigstens, noch das Stiefkind des Angelsportes ist — denn ihr Reiz und die Befriedigung bei ihrer Ausübung als feiner Sport ist nur wenigen Kennern offenbar —, zum anderen, weil diese Art Angelsport fast jedem zugänglich ist, dem arbeitsmüden Großstädter wie dem Landbewohner, und selbst mit geringem materiellen Aufwande die Ausübung einer feinen, genußreichen Erholungstätigkeit gestattet. Nennt doch schon Izaak Walton das Angeln »a contemplative man's recreation«.

Ich habe mich in dieser Schrift bemüht, alles Neue und jede Verfeinerung der Grundangelei, welche mir im Laufe einer langen Praxis zugänglich wurde, dem Leser in knapper, leicht verständlicher Form vorzutragen, um ihm zu zeigen, daß man die scheinbar sehr primitive Grundangel zu einem feinen Sportgerät gestalten kann — vorausgesetzt: daß man etwas guten Willen mitbringt und sich durch etwaige anfängliche Mißerfolge nicht ablenken läßt, auf der betretenen Bahn fortzuschreiten.

Wer die verfeinerte Grundangel handhaben gelernt und sich die Überzeugung geschaffen hat, daß er auch mit feinstem Zeuge Herr der Situation ist und bleibt, wird spielend alle Arten hohen und höchsten Sportes erlernen, da er eben außer der Wurftechnik, welche die Flug- oder Spinnangel erfordert, nichts Neues hinzuzulernen hat.

Darum gebe ich jedem Jünger Petri den wohlgemeinten Rat, wenn er die Gelegenheit dazu hat, sich vorerst mit der feinen Grundangelei zu befassen als Vorschule für die höheren Grade der Angelkunst; — er wird es nicht bereuen.

Waldneukirchen, Juli 1921.

Inhaltsverzeichnis.

Einleitung.

Die Grundangelei ist unstreitig die älteste, meist geübte und gekannte Art des Angelfischens, bzw. des Fischens überhaupt, — deshalb soll sie aber durchaus nicht die primitivste sein und bleiben.

Wenn auch die Gerätschaften im allgemeinen in ihrer Ausführung und Ausstattung bescheidener und einfacher gehalten sein können wie zu den kunstvolleren Angelarten, so sollen und können dieselben doch in gediegener Ausführung gehalten sein, um eben die Ausübung dieses Zweiges der Angelkunst mit den zulässigst feinsten Geräten zu ermöglichen, denn Kunst und Sport beginnen erst da, wo mit feinstem Zeug, durch Kaltblütigkeit und Technik der Kampf mit dem schweren Fisch aufgenommen wird und das günstige Ende des Kampfes der Angler für sich nur entscheidet, wenn er der rohen Kraft seine eigene moralische Überlegenheit gegenüberstellen kann. In unseren wenigen, deutschen Büchern über Angelsport wird die Grundfischerei von den Autoren ziemlich stiefmütterlich behandelt, mit einer einzigen Ausnahme — des Verfassers des »Angelsport im Süßwasser«, welcher unermüdlich die Anwendung des feinsten Zeuges und der verfeinerten Methoden predigt.

Im allgemeinen wird in deutschen Landen mit viel zu grobem und primitivem Zeug geangelt — und wenn noch jemand, wie es Skowronek in der »Wasserweid« tut, den Primitivismus beinahe zum Prinzip erhebt, so bedeutet das sowohl im Interesse des feinen Sportes, wie nicht minder auch in dem des sonst recht interessanten Werkes, einen Abbruch.

Das Folgende soll ein kleiner Wegweiser zur möglichsten Verfeinerung des Sports für die Jünger der Grundangelei werden, welche doch die überwiegende Mehrzahl in der Zunft der Petrusbrüder ausmachen.

Es liegt nicht im Sinne und Rahmen dieses Schriftchens, über die Anatomie und Naturgeschichte der einzelnen Fischarten ausführlicher zu werden; darüber geben dem interessierten Leser die größeren Werke von Heintz, Borne-Brehm usw Aufschluß; auch über die Mannigfaltigkeit der Geräte will ich nicht weitläufig werden, sondern nur unbedingt Erprobtes bringen, das sich in jahrelanger Praxis unter allen Verhältnissen bewährt hat.

Wenn Wesenberg sagt: »Die praktische Erfahrung des einen habe für den andern höchstens den Wert theoretischer Erkenntnis«, so ist das nur bedingt richtig. Wenn ich auch unbestritten zugebe, daß diese oder jene Methode an dem oder jenem Wasser nicht-so erfolgreich oder anwendbar ist, so muß doch anderseits zugegeben werden, daß es in praktischen Tätigkeiten, zu denen doch der Angelsport unbedingt zählt, kein Dogma gibt und keine Bestimmungen »Ex Kathedra«, sondern nur mehr minder empirisch gefundene Wahrheiten und Grundregeln, welche sich mutatis mutandis überall anwenden lassen.

Ein denkender Angler wird sich gern eine Anregung gefallen lassen und diese seinem persönlichen oder örtlichen Bedarfe anpassen und verwerten — darin fundamentiert sich der Fortschritt. — Kritikloses Negieren und Ablehnen, ohne selbst vorurteilslos eine Sache erprobt zu haben, bedeutet Stillstand, Rückschritt, Versumpfung. Hand in Hand mit dieser Auffassung geht auch unser Zusammenarbeiten mit unserer Sportindustrie, welche ihre Anregungen aus dem Kreise der Praktiker schöpft oder wenigstens schöpfen soll.

Ich will bei dieser Gelegenheit gleich bemerken, daß ich ebensowenig durch die wiederholte Erwähnung der altberühmten Firma Jakob Wieland, Hildebrands Nachfolger, München, einseitige Reklame für diese machen will — als es in meiner Absicht liegt, andere deutsche Erzeuger oder deren Erzeugnisse als minderwertig oder nicht berücksichtigenswert zu bezeichnen: ich habe lange Jahre her mit Wielandschen Erzeugnissen die besten Erfahrungen gemacht, so daß mir eben nur diese geläufig sind.

Im speziellen Teile habe ich es absichtlich unterlassen, die Grundangelei auf Salmoniden zu beschreiben, denn diese wird ja leider ohnehin mehr als nötig betrieben, auch von Leuten, welche eine feinere Fangart sich zu eigen machen könnten. Ich hoffe, es wird mir darob niemand einen Vorwurf machen.

Sollte es mir durch mein Schriftchen gelingen, auch nur einen, der bisher von der Grundangelei nicht mehr gehalten, als daß es eine Beschäftigung sei, bei welcher eine Angelrute verwendet werde, deren eines Ende einen Wurm, das andere einen Narren oder Tagedieb trüge, — zu besserer Ansicht zu bekehren, oder einem anderen, der bisher gewöhnt war, mit schwerstem Zeug zum Grundangeln auszurücken, den Blick dafür zu öffnen, daß er einen ebenso feinen Sport treibe, wenn er es lerne, schwere Fische am feinsten Zeug zu betören und zu landen — wenn's auch nur Plötzen oder Bleie seien —, wie jener, der Forellen und Aschen oder gar Huchen angelt —, dann bin ich es zufrieden.

Allen meinen Lesern ein herzlich »Gut Wasserweid!«

Dr. Winter.

Geräte.

Die Angelrute oder Gerte

spielt auch beim Grundangeln eine große Rolle — denn von ihrer Elastizität und ihrem Rückgrat, wenn man den englischen Term tech. »backbone« übersetzen will, hängt so ziemlich alles Gelingen ab — vom Einwurf bis zum letzten Akt des Landens. Das Material kann verschieden sein, richtet sich je nach Bedarf, Geschmack und nicht zuletzt nach den Mitteln des einzelnen — nur muß es fehlerfrei sein; vor allen Dingen darf die Gerte nicht kopfschwer sein, muß gleichmäßig schwingen, darf nicht zu steif, noch weniger aber zu weich sein; wie bei allem anderen sollte man bei einer Neuanschaffung hier am wenigsten sparen, wenn man sich Verdruß und Störung des Vergnügens ersparen will. Ruten selbst zu bauen ist eine schwere Sache, dazu gehört viel Erfahrung und Geschick; man gehe lieber zu einem anerkannten Meister und lege das Geld, welches man für verunglückte Experimente verzetteln würde, in einer besseren Qualität der Gerte an. Im allgemeinen wird eine sorgfältig und solid sachgemäß gebaute Gerte aus Tonkinrohr genügen, besonders eine solche mit 2 Spitzen, einer normal langen, feinen und einer kurzen, die naturgemäß etwas steifer ist — entweder aus Greenheart oder gespließtem Bambus.

Wer sich's leisten kann, kaufe sich eine Gerte aus gespließtem Bambus — aber keine jener amerikanischen Massenware, von 5 M. aufwärts (vor dem Kriege). Die Ruten aus Stahl sind zum Grundangeln unbrauchbar. Zum Fang einiger Fischarten eignet sich auch die Fluggerte, besonders die Wielandsche »Stewartgerte« ganz hervorragend (Fig. 1 und Fig. 2).

Wer am Wasser wohnt oder wer ständig ein Wasser befischt, der mag sich am besten mit Gerten verschiedener Länge aus einem Stück Bambus oder Tonkinrohr ausrüsten, nur lasse er sich bei solchen, welche empfindlich feine Spitzen haben sollen, diese aus Dschungelrohr oder gespließtem Bambus oder Fischbein, 20—30 cm lang, ansetzen.

Jede Gerte, ob mehrteilig oder aus einem Stück, soll mit
Rollenansatz und Schlangenringen versehen sein, die mehr-

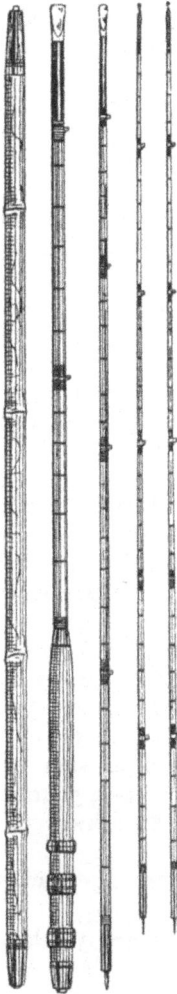

Fig. 1. Einhändige
»Stewart«-Gerte.

Fig. 2. Grundrute mit
drei versch. Spitzen.

teiligen unbedingt mit doppelten Hülsen und Zapfen und diese
exakt passend, genau zylindrisch, luftdicht schließend, so daß

beim Auseinandernehmen ein leichter Knall wie von einer »Stöpselbüchse« entsteht; solche Hülsen brauchen keine Versicherungen gegen das Aufgehen, ein Gebrauch wie »Bajonett«-verschlüsse oder Lockfast joints oder gar Verschnürungen, wie sie z. B. an englischen Ruten der gewöhnlichen Marktqualität heute noch üblich sind.

Warnen möchte ich aber vor der Anschaffung einer sog. »Universal-Rute«; abgesehen von der Kompliziertheit, ist es ein minderer Genuß, sich im Terrain mit einer Menge von Teilen herumzuschleppen, für die man keine Verwendung hat, die einem überall hinderlich sind, und schließlich und endlich erfüllt das ganze seinen Zweck doch nur teilweise und da noch nicht entsprechend.

Als recht brauchbar hat sich auch mir eine doppelhändige Fliegenrute nach Stewart von Wieland erwiesen; ich habe sie jahrelang geführt und sehr schwere Fische gelandet. In ihrer unbestrittenen Brauchbarkeit stimme ich mit Dr. Heintz vollständig überein — nur zum Spinnangeln taugt sie nicht, wegen des ungünstigen Rollenansatzes — höchstens zum Schnappangeln mit Floß auf Hechte.

Ob die Rolle vor oder hinter Hand steht, ist Gewohnheitssache, ebenso der Knopf am Handteil — ich ziehe den abschraubbaren Erdspeer vor, sowohl um die Gerte, in den Boden gesteckt, bei gewissen Handgriffen vor dem Getretenwerden zu schützen, als auch um selbe am Ufer festzulegen.

Was die Länge anbelangt, so richtet sich diese im allgemeinen nach den örtlichen Verhältnissen — außer man fischt nur vom Boote aus, wo sich Ruten von höchstens 3 m bis 3 m 20 cm empfehlen, wo sogar solche nur von 2 m 50 cm bis 80 cm Länge ausreichen. Im allgemeinen wird es sich empfehlen, beim Fischen vom Ufer eine Gerte von 4—4,50 m Länge zu nehmen, Fig. 2 — längere Gerten sind zu schwer und bieten keine besonderen Vorteile.

Will man besonders lange Gerten führen, 5—6 m, so nehme man solche aus einem Stück.

In kleinen Flüssen genügt vollständig eine 3 m lange Gerte.

Die Rolle

sei einfach aber solide — am besten eine Nottinghamrolle von 8 cm Durchmesser mit ausschaltbarer Hemmung und zum Auseinandernehmen (Fig. 3) oder eine Metallrolle wie zum Flugfischen (Fig. 4), mit Hemmung, ebenfalls 8 cm Durchmesser mit Trieb an der Platte, letztere wegen ihrer Schwere vorteilhafter hinter der Hand gestellt — diese genügen vollständig — fassen genügend Schnur und gestatten ein rasches Aufwinden wegen des entsprechend großen Durchmessers. Da man im allgemeinen nicht allzuviel Schnur ausgibt, auch nicht allzuweit wirft, kommt man unter allen Verhältnissen

Fig. 3 mit Hemmung zum Auseinandernehmen.   Fig. 4.

mit 30 m Wurf- bzw. Gebrauchsschnur aus; hat man ebensoviel Reserveschnur darunter, ist man für alle Fälle gedeckt, nur sei die Rolle gut gefüllt und die Schnur so aufgewickelt, daß dieselbe bei nach oben stehender Rolle von dieser oben weg zu den Ringen laufe.

Die Schnur

ist im Grunde genommen der wichtigste Teil in der Folge der Geräte, denn von ihrer Elastizität, Glätte, Stärke und Haltbarkeit hängt nahezu der ganze Erfolg ab. — Was nützt dem Angler eine kostbare Gerte vom besten Meister gebaut, aus edelstem Material, wenn er minderwertige oder gar schon verstockte oder verrottete Schnüre verwendet?

Geht man den Ursachen vom Reißen der Schnur beim Drill schwerer Fische, bei Hängern u. dgl. mit Berücksichtigung aller Umstände nach, so ist es sicher 80 mal unter hundert ein Defekt der Schnur gewesen, weniger im schlechten Material als in der mangelhaften oder gar schleuderhaften Behandlung und Pflege derselben begründet.

Je feinere Schnüre man führt, desto sorgfältiger achte man
schon beim Einkauf auf beste Qualität, und desto sorgfältiger
pflege man sie im Gebrauch.

Von vielen werden heute noch zum Grundangeln Hanfschnüre verwendet — vielleicht deshalb, weil sie billiger sind
— das wäre wohl ihr einziger Vorteil —, für die Ausübung feinen
Sportes sind sie nicht zu empfehlen.

Vergleicht man nur die Tragfähigkeitszahlen: Seide trägt
20 kg totes Gewicht auf den Quadratmillimeter — Hanf bloß
8 kg —, so ist die Wahl der Seide für den denkenden Angler
bereits entschieden.

Ferner: die Schnur soll bei kleinstmöglichstem Durchmesser außer größter Tragfähigkeit, weitgehendste Elastizität,
Feinheit und Glätte besitzen, dabei so eng wie möglich geklöppelt sein, um möglichst wenig Wasser aufzunehmen.

Eine Hanfschnur, welche ein totes Gewicht von 10 Pfund
zu tragen hat, ist schon von ansehnlicher Dicke — um sie wasser-
dicht zu machen, muß sie imprägniert sein, welcher Vorgang
ihre Masse wiederum vermehrt —, schließlich und endlich
ist das spezifische Gewicht von Hanf fast das Dreifache des
der Seide, die Hanfschnur sinkt infolgedessen dreimal eher
unter als die Seidenschnur. Gedrehte Schnüre sind für die Sport-
fischerei überhaupt unverwendbar, schon aus dem einen Grunde,
weil sie sich verdrehen —; aber auch locker und ungleich ge-
klöppelte Siedenschnüre haben diesen Fehler.

Die in früheren Jahren in Deutschland hergestellten geklöppelten Seidenschnüre waren vielfach zu locker und ungleich-
mäßig fest geklöppelt — die Folge davon war: sie wurden
nach kurzem Gebrauche rauh und filzig, wodurch sie die Eigenschaft verloren, glatt durch die Ringe zu laufen, und bekamen
die Neigung, sich zu verdrehen und bandförmig zu werden,
wodurch sie schon auf der Rolle zu Störungen Anlaß gaben,
weil die Windungen durcheinanderrutschten.

Man war daher auf die guten, aber auch teueren plaited
silk lines aus England angewiesen.

Inzwischen hat sich unsere Industrie auch diesem Zweige
zugewandt und erzeugt Schnüre von einer Qualität, welche der
englischen vollständig gleichwertig ist.

Mir liegen Schnüre von C. U. Springer, Isny (Württem-
berg), vor, die im Aussehen sich von englischen Schnüren
durchaus nicht unterscheiden, und im Gebrauche noch weniger.

Auch hat die Firma Springer eine Vereinheitlichung in der
Stärkenbezeichnung geschaffen, welche mit Freuden begrüßt

werden muß — weil sie an Stelle der bisher üblichen Bezeichnung durch willkürliche Nummern die Reißfestigkeit in Kilogramm zur Bezeichnung der Schnurstärke verwendet.

Ich bin dadurch in der Lage, mir eine Schnur von 10 Pfd. Tragfähigkeit bildlich vorzustellen, ohne ein Muster davon in der Hand zu halten.

Ich werde deshalb im speziellen Teil statt Nr. ½ beispielsweise Algäu 4 Pfd. oder statt Nr. 2 Algäu 10 Pfd. setzen.

Von den Springerschen Schnüren wäre für meinen Geschmack die »Donau«schnur, 10 Pfd. Tragkraft, allen Anforderungen gewachsen, von der Plötze angefangen bis zum schwersten Karpfen und Zander, vor allem wegen ihrer außerordentlichen Feinheit. Ob man sich für diese oder jene Gattung entscheidet — im allgemeinen wird man mit zwei Stärken auskommen — 6 und 10 Pfd. genügen — auch für schwerste Fische — wenn man eben feinen Sport treiben will.

Die Schnur soll glatt sein und möglichst wenig Wasser aufnehmen, bzw. schwimmen; soweit dies nicht schon durch die Art und Weise der Herstellung erreicht wurde, erzielt man diese Eigenschaften durch Tränkung mit dem von Dr. Heintz im Angelsport im Süßwasser angegebenen Paraffinbrei; ab und zu reibt man die untersten 10 m, welche am meisten in Anspruch genommen sind, mit etwas kaltem Paraffinbrei ab, den man in ein Stückchen weiches Leder einschlägt.

Ob man aber nun diese oder jene Schnur benütze — unerläßlich ist und bleibt ihre sorgfältige Pflege nach dem Gebrauche —, sonst macht man böse Erfahrungen.

Die Schnur muß ganz von der Rolle gezogen werden und, frei ausgespannt, lufttrocken werden. Wer sich's leisten will, sich einen Windeapparat zum Schnurtrocknen anzuschaffen, mag es tun — ansonst erfüllen einige Reißnägel größter Nummer — sog. Teppichnägel — den Zweck ebensogut, besonders auf der Reise, wo jedes umfangreiche Ausrüstungsstück eine unerwünschte Mehrbelastung bedeutet.

Wer aber das sorgfältige Trocknen aus Leichtsinn oder Nachlässigkeit oder gar im Vertrauen auf gleißnerische Anpreisungen von »durchbrochenen Rollen, auf denen die Schnur von selbst trocknet«, unterläßt, wird unausbleiblich bittere Erfahrungen machen und viel Verdruß erleben.

Da sich naturgemäß der unterste Teil der Schnur von selbst im Laufe längerer Benutzung verbraucht, darf man es nie versäumen, vor Beginn des Angelns durch kräftiges Anziehen zwischen den Händen diese Teile auf Haltbarkeit zu

prüfen und schadhafte Stücke so lange durch Abreißen aus-
zumerzen, bis man wieder nur gesunde Schnur hat.

Wenn die Abnutzung auf größere Längen zunimmt, dreht
man die Schnur um — so kann man mit einer guten, wohl-
gepflegten Schnur jahrelang angeln; es empfiehlt sich aber
darum, beim Einkauf die Schnur nicht allzu kurz zu nehmen,
sondern von Haus aus 35—50 m zu nehmen.

Manche Angler lieben zum Grundangeln auch die email-
lierten steifen Schnüre (waterproof braided silk lines, oder
enameled lines), welche wir vor dem Kriege aus England und
Amerika beziehen mußten.

Nun hat die Firma Springer auch diese Art von Schnur
in Erzeugung genommen, und die mir vorliegenden Muster
sind so vollkommen, daß wir fürderhin auf das Ausland nicht
mehr angewiesen sind.

Die Emailschnur ist naturgemäß steif, sehr glatt und läuft
infolgedessen sehr leicht durch die Ringe — ist aber infolge der
Imprägnierung voluminöser und in stärkeren Nummern schwerer.
So unentbehrlich eine solche Schnur zum Flugfischen ist, zur
Grundangelei im Süßwasser gebe ich der eng geklöppelten,
paraffingetränkten Leine den Vorzug — hingegen kann ich
die Emailschnur zum Angeln im Meere empfehlen, weil sie
vom Seewasser weniger angegriffen wird.

Bei sehr hellem Wasser, besonders zum Plötzen- und
Bleifischen, verwende ich mit Vorliebe die althergebrachte,
vielfach angefeindete Roßhaarschnur — in der Länge der Gerte
an die Rollschnur geknüpft — 3, 2, ja sogar oft in den untersten
Teilen nur 1 haarig.

Mag man sie immerhin veraltet und der Geschichte an-
gehörend bezeichnen, für den Fang vorgenannter Fischarten
ist sie mir unentbehrlich, wegen ihrer Unsichtbarkeit im Wasser
und ihrer enormen Elastizität.

Nur ist bei ihrer Verwendung folgendes zu berücksichtigen:

Vor allem sei sie nicht alt und verlegen, wie es meist die
in Geschäften gekauften fertigen Zeuge und Längen sind.

Sodann achte man auf die Qualität des Haares.

Brauchbar ist nur das vom lebenden Pferde geschnit-
tene und ausschließlich das vom Hengste.

Das Haar der Stute ist infolge der Besudelung mit Urin
brüchig und morsch, jenes vom Wallachen dünnfädig und spröde.

Dem Bezuge von Haaren von Geigenbogenerzeugern ist entschieden zu widerraten, da diese das Haar chemisch bleichen, wodurch es seine beste Eigenschaft, die enorme Elastizität, verliert.

Als Naturfarbe kommt Haar von Schimmeln und Grau-
schimmeln, ev. auch von hellen Fuchshengsten in Betracht.

Ich will bei dieser Gelegenheit über das Anfertigen von
Roßhaarschnuren einige Anleitungen geben.

Das Haar — selbstverständlich Schweifhaar — wird zuerst durch kurzes Waschen in lauwarmem Seifenwasser vom
Schmutz gereinigt, sodann gut mit reinem Wasser abgespült,
fest ausgeschwenkt, damit alles Wasser abgeschüttelt werde,
und dann, auf einem Tuche lose ausgebreitet, an einem kühlen,
luftigen Orte getrocknet.

Zum Drehen sucht man sich gleich lange und gleich starke
Haare aus; solche, welche Knickstellen zeigen oder in der Länge
ungleich stark sind, werfe man fort; ein gutes Haar ist drehrund,
glatt und von der Wurzel bis zur Spitze gleichmäßig verjüngt.

Damit die einzelnen Längen gleichmäßig stark werden,
muß man immer ein Haar mit der Spitze, das andere mit dem
Wurzelteile verknüpfen und dann erst zusammendrehen, was
am besten geschieht, wenn man sie durch die Finger der einen
Hand laufen läßt und mit Daumen und Zeigefinger der anderen
dreht. Stärkere Längen wie aus 3 Haaren braucht man zur
feinen Fischerei nicht. Die unteren Längen bestehen nur aus
2 Haaren, die letzte sei verjüngt, indem man die Haare mit
den Wurzelteilen zusammenlegt.

Für ganz klares Niederwasser dürfen die letzten Längen
oft nur aus einem einzigen Haar bestehen, das zu unterst auch
den Haken trägt — für diese sucht man selbstredend die besten
und stärksten Haare aus.

Eines ist nicht zu vergessen: man verwende Roßhaarschnüre nicht allzulange — einmal deshalb, weil ihre Elastizität und Haltbarkeit durch oftmaliges Naß- und Trockenwerden
besonders bei Sonnenbrand leidet — ähnlich wie beim Poil,
welches nach alter Unsitte um den Hut geschlungen mitgeführt
wird — das andere Mal, weil ältere Schnüre gerne in den Knoten
verstocken und dann dort gerne reißen.

Darum erneuere man sie öfter — sie sind ja selbst heutzutage noch immer fast umsonst.

Der Zug.

Derselbe besteht in den meisten Fällen aus Poil-, manchmal auch aus Silkcastgut, auch »Herkules« genannt, oder »Ja-
pan Poil«. Seine Länge wird durchschnittlich mit 1 m genügen,
seine Stärke richtet sich nach der Schnur — es wird mit Vorteil

nach unten zu verjüngt — vielfach gefärbt, braun oder grün-
lich, je nach dem Untergrund. Verwendet man Poil, dann
nehme man die besten rundesten Stücke, spare nicht an einem
Zentimeter und verbinde die einzelnen Längen mit doppeltem
Fischerknoten, auch die Endschlaufen knüpfe man, wenigstens
2 cm lang, nachdem man zuvor das Poil wenigstens 1 Stunde
gewässert hat. In der ganzen Literatur finde ich aber nirgends
ein Material für den Zug bei der Grundangel erwähnt, welches
ob seiner Tragfähigkeit, Feinheit und Unsichtlichkeit uner-
reicht dasteht — den Messingdraht von 0,25—0,8 mm Stärke,
wie ihn die Prager Fischer verwenden. Der Draht muß natürlich geglüht und weich sein und darf nirgends auch nur eine
Andeutung von Knickung zeigen, sonst bricht er an dieser
Stelle, solche Teile wirft man natürlich weg — er kostet ja
auch heutzutage noch fast nichts. Seine Vorzüge sind: immense
Dehnbarkeit, Feinheit, Unsichtlichkeit selbst in sehr klarem
Wasser und vor allem: die Möglichkeit in schwerster Strömung
mit kleinstem Blei als Senker auszukommen. Eine Einschrän-
kung seiner Verwendungsfähigkeit ist die, daß er nur für die
Paternoster- und für die Bodenfischerei mit Blei ohne Floß
zu brauchen ist.

Die Prager Fischer, welche fast durchwegs mit langen,
sehr leichten Ruten aus Bambus mit Fischbeinspitze ohne
Rolle angeln, verwenden Draht als ganze Angelschnur und
landen oft nach aufregendem Drill mit feinstem Zeug die
schwersten Fische. Ich verwende ihn als Zwischenglied
zwischen Rollschnur und Angel etwa in ⅔ der Länge
der Angelrute, oben und unten werden Schleifen ge-
dreht, einfach mit den Fingern, oberhalb der unteren,
in welche das Poil der Angel eingeschleift wird, wird
ein Schrotkorn angeklemmt — darauf sitzt der Senker,
eine durchbohrte Bleikugel oder Olive. — Das Ganze
kann man in 2 Minuten am Wasser herstellen. (Fig. 4a.)

Fig. 4a.

Man hat nur nötig, vor Beginn des Angelns den durch das
Aufwinden auf das Aufschlagholz gewellten Draht durch einen
sanften Zug der Länge nach zu strecken, indem man die
eine Öse in einen Stift, Ästchen u. dgl. einhängt und an der
anderen anzieht; wenn man merkt, daß der Draht durch öfteres
Ausziehen oder durch starken Zug beim Hängenbleiben oder
nach dem Drill eines sehr schweren Fisches starr und undehn-
sam geworden ist, werfe man ihn sofort weg, wenn man
nicht den Verlust eines guten Fisches samt dem Zeuge bekla-
gen will.

Silkcastgut, welches aus einer Pflanzenfaser hergestellt wird, habe ich seit langem zum Grundfischen in Verwendung, es ist auch in feinsten Stärken hervorragend zugfest, verhältnismäßig unsichtlich und läßt sich beliebig knüpfen oder knoten.

Daß es im aufgeweichten Zustande schlaff wird, stört beim Grundfischen wenig oder gar nicht, besonders wenn man keine größeren Längen als 80—100 cm verwendet. Am Ende des Zuges wird dann die an Poil, Gimpe oder Galvano bzw. Punjabdraht befestigte

Angel

angeschleift. Ich habe von Dr. Heintz den Ausdruck »Angel« für den fertigmontierten Haken mit Poil usw. übernommen.

Unsere Angelhaken, welche nunmehr auch in vollkommener Qualität in Deutschland erzeugt werden, leiden mehr oder

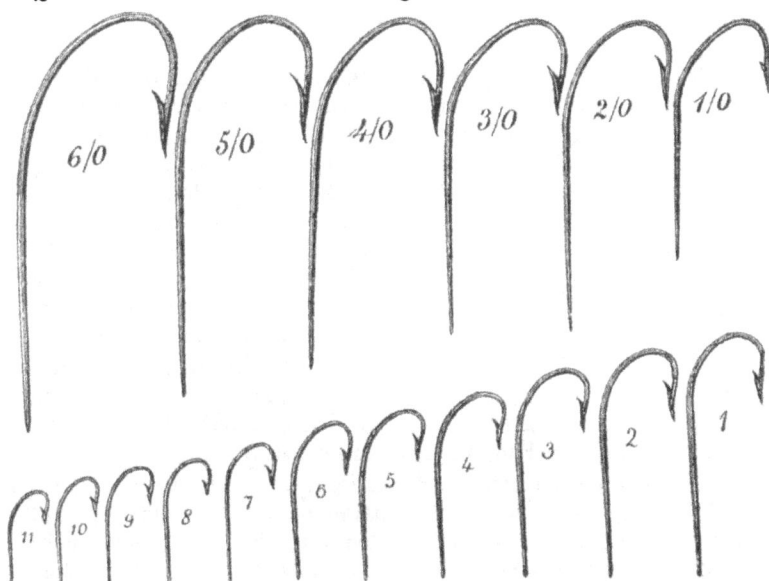

Fig. 5.

minder alle an der Ungleichheit der Größenbeziehung. Hoffentlich wird da auch eine Einheitlichkeit geschaffen werden.

Zurzeit liegen mir Musterhaken der »Acus«-Werke (F. Schuhmacher & Co., Aachen) vor (Fig. 5), welche den Vergleich mit englischen vollständig aushalten, zum mindesten mit jenen, welche England vor dem Kriege auf den Kontinent sandte

und welche nicht immer von ganz einwandfrei gleicher Güte
waren (Größenskala).

Für die Grundangelei kommen speziell in Betracht: der
altbewährte Limerik, der Rundbogenhaken, der Sneckbent und
in den letzten Jahren der äußerst feine, zähe und fängige »Perfekt«-Haken (Fig. 6, 7 und 8).

Fig. 6.   Fig. 7.   Fig. 8.

Wieland führte vor dem Kriege noch den »Gladia«-Haken
ein, mit flachgehämmertem Schenkel und verstärktem Bogen
— ich kann denselben in seinen kleinen Größen speziell zum
Karpfenfischen wärmstens empfehlen (Fig. 9).

Zum Fischen mit Maden empfehlen sich möglichst feindrähtige Haken, wie solche zum Fliegen-
binden gebraucht werden, sehr gut ist der Pennellsche
Maifliegenhaken, jedoch ist sehr notwendig, diese vor
Ingebrauchnahme auf Haltbarkeit zu untersuchen,
vielfach sind sie zu weich und biegen sich auf.

Fig. 9.

Auch sollen diese Haken spitze Schenkel haben und ans
Poil angewunden sein. Die übrigen Haken kann man auch
mit ein- und abwärts gebogenem Ring, durch den »Turle«-
oder einen anderen Knoten mit dem Poil verbunden, gebrauchen.

Hingegen kann ich die Befestigung, wie sie unter anderm
auch Skowronek empfiehlt, nämlich Plättchenhaken, mit
einem 3—4fachen Durchzugknoten ans Poil gebunden, nicht
empfehlen, weil das Poil dort gerne verstockt und im kritischen
Moment reißt.

Überhaupt sollte jeder Angler seine Angeln selbst binden
können — wie man das macht, findet er im Heintz, Borne,
Bischoff usw. ausführlich beschrieben, ebenso die Technik
der landläufigsten Knoten.

Wie groß man jeweils die Angelhaken wählt, werde ich
beim Fange der einzelnen Fischarten im speziellen Teil angeben
— nur eines sei hier gesagt: man kann sie im allgemeinen nicht

klein genug nehmen. Anfänger machen gewöhnlich den Fehler,
besonders wenn sie einmal das Unglück hatten einen starken
Fisch durch Bruch des Hakens zu verlieren — was ja dem Ge-
übtesten passieren kann —, zu den größtmöglichen Haken zu
greifen.

Das Floß,

welches den Zweck hat, den Köder in einer gewissen Höhe
über dem Grunde zu tragen oder beim Angeln mit dem »festliegenden Floß« einen Anbiß zu zeigen, ist ein notwendiges
Übel; wo man es halbwegs entbehren kann, lasse man es fort, muß

Fig. 10.   Fig. 11.   Fig. 12.

man es aber nehmen, dann wähle man es so klein und unsichtlich als möglich. Fig. 10, 11, 12 zeigen gebräuchlichste Floße.

In den Lehrbüchern des Angelns wird empfohlen, die
Gertenspitze möglichst senkrecht übers Floß zu bringen —
wegen der exakten Schnurstreckung beim Anhieb — das ist

gut und richtig wenn sonst alle Uferverhältnisse und Wasser-
verhältnisse dazu stimmen. Nun aber gesetzt den Fall — die
Rute ist 3—4 m lang — vor mir aber steht, wie es in Flüssen
der Ebene, namentlich in nicht regulierten, die noch ordentliche
Umläufe und Tümpel bilden, häufig vorkommt, oder in Altwässern die Regel ist, — ein Wall von Wasserpflanzen von
gut 4 m Breite, jenseits desselben ist das offene Wasser, an
dessen Grenze die Fische stehen und Futter suchend ziehen,
wie z. B. Karpfen, Plötzen, Barsche — ich muß also, um mit
der Angel vor das Kraut zu gelangen, noch 3—4 m Schnur aus-
geben und habe in dieser Stellung den Anbiß (Fig. 13).

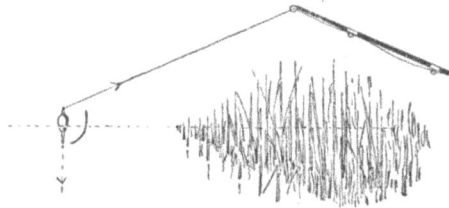

Fig. 13.

Nun kommt das zur Wirkung, was ich den »schädlichen
Winkel« beim Floße nenne. — Selbst wenn ich die Schnur
richtig strecke, bzw. spanne, trifft der Anhieb erst das Floß
und dann erst das Fischmaul. Das Floß ist eine Art toter Punkt
im System und wirkt um so mehr als Bremse, je länger und voluminöser es ist und je mehr Schnur zwischen ihm und der
Gertenspitze liegt. Nun habe ich im Kriege bei den ostgalizischen
Fischern ein Floß kennengelernt, welches diesen Übelstand
ausschaltet, weil es von der Schnur überhaupt nicht getroffen
wird. Infolge seiner Form und Leichtigkeit ist es gar nicht
auffällig und zeigt einen leisen Biß viel exakter als die bei uns
gebräuchlichen. Es wird aus leichtem, weichem Holz in neben-
Form (Fig. 14 auf S. 17) geschnitzt und die Schnur mit einer
einfachen Schleife (Fig. 15) um den Knopf gelegt. Beißt nun
der Fisch, so kommt von selbst die Schnur in eine unge-
brochene Linie ohne Zwischenstück, und der Anhieb sitzt
prompt. Ich habe dieses Floß adoptiert; da mir aber die oben
geschilderte Schleife als Befestigung unheimlich ist — wegen
des leichten Abprellens bzw. Schneidens der Schnur —, habe
ich dasselbe umkonstruiert, und zwar in eine Form aus Holz
(Fig. 16), in der Spitze durchbohrt, wo die Schnur durch-
gezogen und durch ein Kielkäppchen, aus der Spitze der

Pose geschnitten, festgehalten wird — die zweite aus Kork —,
ev. kann ein gewöhnlicher Schwimmer dazu umaptiert werden,
wenn sein Ring mit der Zange abgeplattet wird, wie in Fig. 17.

Fig. 14.

Fig. 15.   Fig. 16.   Fig. 17.

Die Schnur wird dann im Spalt »S« festgeklemmt. Diese Floß-
form verwende ich heute ausschließlich zum Fange mit dem
festliegenden Floß bzw. Bodenblei, wenn ich dazu eines Floßes
bedarf, sowie zum Karpfenfischen im ruhigen Wasser, wo
man es leider nicht entbehren kann.

Senker

sind je nach Strömung, Tiefe und Angelart entweder einfache
gespaltene Schrotkörner verschiedener Größe oder Bleidraht
bzw. Bleiblech oder durchbohrte Bleikugeln bzw. Bleioliven;
man nehme dieselben nicht schwerer, als unbedingt nötig ist,
um den Köder am oder über dem Grunde zu halten.

Köder und Grundköder.

In erster Linie kommen die Würmer in Betracht, und zwar:
der Tauwurm, der nach einem warmen Regen bei Einbruch
der Nacht auf Wiesen und Gartenbeeten bei Laternenschein

oft zu Hunderten gefunden wird; besonders gut bei trübem, hohem Wasserstande im Frühjahr und im Winter. Der Rotwurm und der Goldschwanz in verrottetem Dünger oft in Massen auch im tiefsten Winter zu finden — bei hellem Niederwasser und im Sommer.

Würmer bewahrt man am besten in Moos in einer Kiste im Keller auf, sie werden darin zäher und haltbarer an der Angel; zum Mitnehmen ans Fischwasser empfehle ich statt der althergebrachten Wurmbüchse aus Blech einen einfachen Leinwand- oder Kalikobeutel, dahinein reichlich angefeuchtetes

Fig. 18.

Moos, und die Würmer bleiben in der größten Hitze frisch und lebend. Für ganz klares Wasser sind die Fleischmaden ein nahezu souveräner Köder, wenn auch ebensowenig appetitlich wie die Regenwürmer. Ich will an dieser Stelle gleich die Anköderung beschreiben:

Tauwürmer: Man nimmt die nicht allzugroßen und ködert so, wie es obenstehende Figur 18 zeigt: Kopf voran bis zum

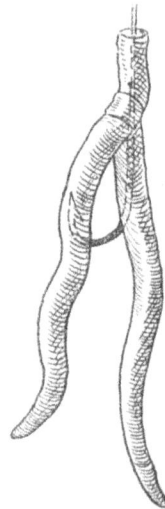

Fig. 19a.   Fig. 19b.   Fig. 19c.

Schaft, bleibt lange lebend und deckt den Haken völlig, was durchaus genügt. Besonders geeignet sind hierzu Perfekthaken. Eine in Prag beliebte und vorzügliche Anköderung speziell für

Barben und Aale ist folgende: Man nimmt einen größeren
Tauwurm und zerreißt ihn, so daß Kopf und Vorderteil reichlich ⅓ der Länge ausmachen, dann zieht man diesen Teil über
den Haken, Leibseite voraus und schiebt ihn am Poil hinauf,
wie Fig. 19a. Dann stülpt man die andere Hälfte, Leibseite
voraus, über den Haken, wie Fig. 19b; sodann zieht man
den Kopfteil am Poil herunter und führt ihn über die Hakenspitze. Fig. 19c zeigt die fertige Anköderung, in Prag »Kal-
hoty-Hosen« genannt.

 In letzter Zeit gebrauche ich häufig die Anköderung nach
Stewart, besonders mit kleinen Haken, welche für energisch
beißende Fische, wie Barsche u. dgl., sehr fängig ist.
Maden ködere man an dünndrahtige Haken (siehe
Angelhaken) in folgender Weise, je nach Angelgröße 1—3—4 Stück, wie Fig. 20, nur durch die
äußerste Haut. Die zähe Made hält so sehr lange
lebend; an kleinste Haken 14—16 stecke man nur
1 Made entlang der Haut an die Spitze.

 Ein hervorragender, lebender Köder, den ich   Fig. 20.
in keinem Buche bei dem Kapitel Grundfischerei .
erwähnt finde, ist das Flußneunauge oder Guerder — für
große Barben, Aale und namentlich für Aitel und Aalrutten
wohl der beste Köder — leider ist er nicht immer und überall

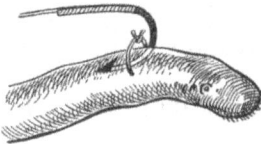 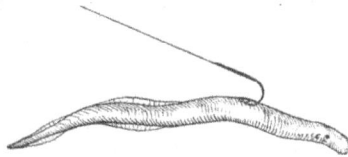

Fig. 21a.   Fig. 21b.

zu haben. Seine Lebendigkeit und Lebensfähigkeit, besonders
bei der von mir geübten Anköderung ist ein Vorteil, der ihn
über alle anderen stellt. Man achte nur peinlich genau darauf,
daß die Nadel oder der Haken nicht die große Arterie oder die
Wirbelsäule bzw. chorda dorsalis treffe, sondern nur in der
Haut bleibe. Man faßt das glatte N. mit einem Tuche, zieht
mit einer feinen Nadel einen Faden quer ca. 3 mm unter der
Haut durch, führt dann den Haken (Fig. 21a), .Größe 10 —
andere sind zu massiv — bis über den Widerhaken daneben
unter die Haut ein und knüpft hinter dem Widerhaken die
Fadenenden fest, schneidet die Enden ab und die Anköderung ist beendet (siehe Fig. 21b). Derart angeköderte Neun-

augen kann man in einem Köderfischkessel auch in einem
Topfe, worin sich Wasser und Gras befinden, von daheim ans
Wasser mitnehmen, ohne daß dieselben Schaden nehmen.

. Ich habe damit meine größten Rutten und Aale gefangen,
einmal sogar einen Hecht von 8 Pfd.

Eine große Rolle spielen in der Grundfischerei, besonders
auf Cyprinier, die Teige und Pasten; der einfachste und beste
ist wohl der auch heutzutage noch ziemlich einfach zu bereitende
Kartoffelteig: 2—3 Kartoffeln werden geschält, mit kaltem
Wasser zugestellt, aber nur mit so viel, daß sie eben bedeckt
sind, und zum Kochen gebracht; wenn sie 5 Min. gekocht haben,
wird das Wasser abgegossen, die Kartoffeln zerstampft und
mit soviel nach und nach zugegebenem Mehl zu einem festen
Teig verrührt, daß dieser nicht mehr an den Händen haftet.
Die Kartoffeln müssen heiß bleiben; wenn dieser Teig aus-
kühlt, wird er zähe und kann vom Fisch nicht leicht vom Haken
gezogen werden. Manche Karpfenangler fügen noch 2 Tropfen
Anisöl zu.

Für Karpfen sind Kartoffeln der beste Angelköder. Diese
müssen ebenfalls geschält und kalt zugestellt werden und dürfen
höchstens 3 Min. kochen — Wasser abgießen, dann auskühlen
lassen —, man schneidet sie in Würfel von 1—2 cm Seitenlänge;
werden auch von großen Plötzen und Aiteln gerne genommen.

Für Aitel ist Obst, namentlich Kirschen und Zwetschgen
beliebt und erfolgreich, außerdem — was ich auch in keinem
Buche erwähnt fand — Gedärme von der Gans, sauber gewaschen — im Spätherbst.

Was sonst noch an Ködern gebräuchlich, werde ich bei
den einzelnen Fischarten angeben.

Ausrüstung.

Außer Gerte, Rolle, Angeln und Köder braucht man noch
verschiedene Kleinigkeiten, deren Besitz zwar nicht immer
unabweislich ist, aber doch mitunter angenehm und vorteilhaft.

Zum Transport der Utensilien usw. eignet sich wohl nichts
besser als der Rucksack, wenn man weitere Gewässer zu be-
suchen gedenkt; wohnt man am Wasser, dann kann man das
Notwendige in den Joppentaschen, deren recht viele und vor
allem recht große, innen sowohl wie außen, angebracht sein
sollen, mitführen.

Näheres über Bekleidung und Beschuhung lese man in
den großen Fachbüchern. Notwendig sind ferner: einige Auf-

schlaghölzer zum Aufwickeln der feinen und feinsten Angel-
schnüre aus Seide und Roßhaar sowie des Reservedrahtes,
bzw. der fertigen Züge aus demselben; schlecht sind die An-
schlagbrettchen, deren Ränder zu kantig sind, an welchen
sich Poil und Draht abknicken.

Eine Tasche in Brieftaschenform mit Einlagen aus Zelluloid-
oder Pergamenttäschchen zum Aufbewahren und Übersichtlich-
halten von Vorfächern und Angeln an Poils, eine runde Büchse
nach Farlow mit Filzeinlagen, um Vorfächer und Poils anzu-
feuchten.

Eine Büchse für gespaltenen Schrot; — die in letzter Zeit
von Wieland gebrachten aus Kork sind äußerst praktisch,
weil das unangenehme Rollen und Klappern der Schrote bei
Bewegungen wegfällt. Nicht zu vergessen ist ein gutes, kräftiges
Taschenmesser, eine Schere, eine kleine Feile und eine kleine
Zange — die rund und flach faßt.

Zum Landen der gefangenen Fische ist ein Landungsnetz
zu empfehlen; es kann unbeschadet etwas größer sein, da man
ja nicht so viel in Bewegung ist wie beim Spinnen oder Flugfischen, bei mancher Art des Grundangelns hingegen oft längere
Zeit an einem Orte ausharren muß.

Zu empfehlen ist auch ein Hakenlöser, besonders beim
Gebrauch feinster Angeln. Gefangene Fische tötet man sofort
und wickelt sie in hydrophile Gaze und transportiert sie am
besten im Rucksack, zu oberst der anderen Sachen, damit
sie nicht gedrückt werden. Wenn es die Verhältnisse erlau-
ben, sollte man trachten, ein Boot zu bekommen — welches
mit zwei Ankersteinen, je einen am Bug und am Stern, verankert wird —; der größere Erfolg, die Annehmlichkeit, sich
jeder gewünschten Stelle ohne Aufsehen und Mühe zu nähern,
machen die Auslage bald bezahlt, — stehen doch die meisten
und größten Fische meistens da, wo man schlecht oder oft gar
nicht vom Ufer aus dazukann. Gewässer mit weithin ver-
sumpften oder verschilften oder vergrasten Ufern kann man fast
nur mit Hilfe eines Bootes mit Erfolg befischen, ebenso große
Gewässer, wie Seen, große Altwässer oder große Flüsse.

Das Kapitel

Drill und Landen

ist in den meisten Angelbüchern, ganz besonders aber im »Angelsport im Süßwasser«, dessen Besitz und Lektüre ich jedem,
auch dem Vorgeschrittensten wärmstens empfehle, so detailliert
beschrieben, daß ich es über den Rahmen dieser Schrift

hinausgehend erachte, mich an dieser Stelle darüber zu verbreiten.

Winke oder ev. Besonderheiten habe ich beim Fange der einzelnen Fischgattungen angegeben.

Nur eines will ich mir nicht versagen zu erwähnen:

Man behandle nie und niemals, auch den kleinen Fisch, nicht mit roher Gewalt, schon gar nicht dann, wenn man mit ganz feinem Zeug angelt, sonst wird man bittere Erfahrungen machen.

Am Behandeln eines gefangenen Fisches erkennt man die Übung und Qualität des Anglers.

Das Fischwasser.

Ich setze voraus, daß dem Leser dieser Schrift die geläufige Einteilung der Wasserregion in Forellen-, Barben-, Blai- und Brackwasser-Region bekannt ist, und brauche nichts hinzuzufügen; wer sich darüber detaillierter informieren will, lese in der großen Fachliteratur nach.

Hingegen will ich im folgenden an der Hand einiger Skizzen dem angehenden Jünger unserer Kunst die Stellen zeigen, an welchen er sein Heil versuchen soll, und jene, die er im allgemeinen besser links liegen läßt.

1. Glatter Fluß ohne Bachbett (reguliert) mit gleich mächtiger Tiefe und Strömung — Kies- oder Schotterboden — minder gut — bis schlecht (Fig. 22).

2. Mündung eines Zuflusses oder Armes; bei s und s_1 Rückströmung mit stillem Hinterwasser gut von s und s_1 aus (Fig. 23).

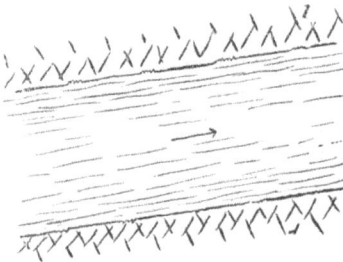 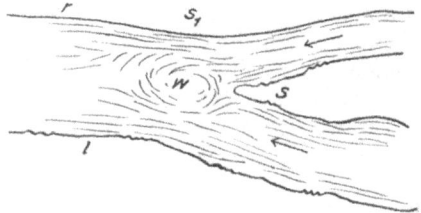

Fig. 22.   Fig. 23.

3. Bei r pilotierter Uferschutzbau, bei U ebenfalls pilotierter Sporn, dahinter bei w starker Rückstrom — sehr gut von U aus, e minder gut bis schlecht (Fig. 24).

4. Ausbuchtung oder geschlossenes Altwasser mit Rück-strom und Wirbel bei s und s_1; a an den Rändern verschilft und versumpft; große Krautbetten (Fig. 25).

s und s_1 sehr gut; a wenn nicht zu vergrast, ebenfalls ein siche-rer Stand für Hechte, Karpfen, Rotaugen, sehr gut bei Hochwasser.

Fig. 24.

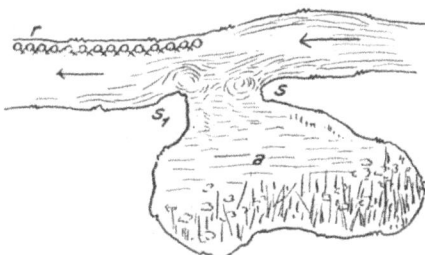

Fig. 25.

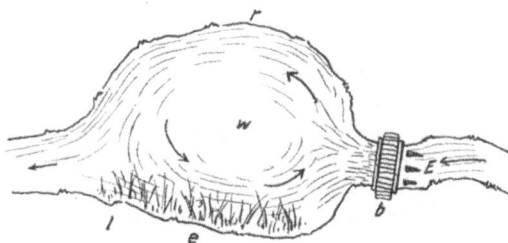

Fig. 26.

r Uferschutzbau (Faschinen) — gut bis sehr gut — be-sonders Aale und Rutten.

5. Bei b Brücke mit Eisbrechern E, bei r tiefe Stromseite, Strömung schlägt nach l hinüber, bei w ruhiges Wasser, bei l Schilfansatz (Fig. 26).

Durchwegs gut bis sehr gut, Stand für alle Fischarten, bei Hochwasser besser bei *l* hinter dem Schilf, wo dann ruhigeres Wasser und Unterstand.

6. Bei *M* Mühlen oder Turbinenanlage, *W* Stauwehr mit Durchlaßschleuse *D*, oberhalb *St* Stauwasser, tief, ruhig, gut, bei *H* ober- und unterhalb *w* ruhiges Hinterwasser sehr gut, *w* Wirbel und Rückströmung — sehr gut besonders vom Boote aus, das neben der Strömung verankert ist (Fig. 27).

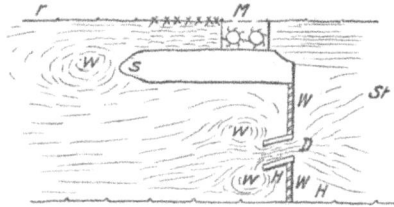

Fig. 27.

Wenn vorstehende Skizzen auch nicht alle Bilder und Formen, welche sich uns im Laufe eines Flußbettes darbieten, wiedergeben, so sind es die hauptsächlichsten, und Übung und wachsende Erfahrung müssen dann ihr übriges tun im Erkennen der guten Plätze.

Große Beachtung hat der Grundfischer dem Grunde zu schenken, ob derselbe sandig, feinkiesig, schotterig oder gar mit großen Steinen bedeckt ist, oder ob er schlammig oder grasig-moosig, kahl oder reich mit Wasserpflanzen aller Art bestanden ist. Viele Fische lieben reinen, steinigen Grund, andere schlammigen, wieder andere, besonders Karpfen, Schleien und Plötzen, Gras- und Krautstände.

Wollte man seine Köder hierherein aufs Geratewohl auswerfen, wäre unter Umständen ein Erfolg recht zweifelhaft, während andererseits in richtiger Erfassung der Verhältnisse gerade hier gute Beute zu machen ist.

Während bei reinem Grund das Bodenblei angezeigt ist wäre es bei verwachsenem, verkrautetem geradezu ein Unsinn, damit zu angeln, weil es den Köder so ins Gras ziehen würde, daß ihn kein Fisch zu sehen bekäme.

Jedenfalls muß man trachten, sich so bald als möglich an seinem Wasser zu orientieren, sei es durch Anschluß an einen Lokalkundigen, sei es durch eigene Beobachtung, denn nirgends ist ein planloses Drauflosfischen eine so unangebrachte Zeitverschwendung wie gerade bei der Grundangelei, besonders an großen Wässern.

Das Wetter und der Wasserstand

spielen eine große Rolle in der Wertung der Erfolgmöglichkeit. Klares Niederwasser mit greller Sonne und womöglich kalter Nord- oder Ostwind sind nicht vielversprechend, wenn nicht geradezu schlecht; ebenso Landregen. Am besten sind warme trübe Tage, leichter Strichregen, Süd-Südwest-Westwinde, manchmal auch' Gewitterschwüle, die Zeit vor und nach dem Gewitter, jedoch nicht während desselben. Höherer Wasserstand, bzw. langsam steigendes, noch besser fallendes Wasser mit nicht zu starker Trübung ist sehr günstig; bei diesem kann man den ganzen Tag über mit Erfolg angeln, sonst am besten morgens und abends, obzwar sich auch da keine absolut bindende Regel aufstellen läßt. Jedenfalls ist es aber Erfahrungssache, daß in den Winter-, Frühlings- und Spätherbstwochen und -monaten die Mittagstunden die besten sind, während im Sommer ungefähr von Mitte Mai bis Mitte September es der Morgen und der Spätnachmittag bzw. Abend ist — normale Zeit- und Witterungsverhältnisse vorausgesetzt —, in kalten, nassen Sommern muß man sich aber dem Moment anpassen.

Wenn man auch im allgemeinen die Grundangelei das ganze Jahr über betreiben kann, so wird man doch speziell vom Mai bis Ende August sich nach einem anderen Sportzweige umsehen; denn gerade in dieser Zeit laichen die meisten Fische, denen man mit Grundangeln nachstellt, und die besten Plätze sind meist so verkrautet, daß man einfach nichts dort anfangen kann, außer man angelt auf Aale, Rutten oder Plötzen, bzw. Köderfische.

Arten der Grundangelei.

Ich kann mich in der Einteilung der Angelarten an die Einteilung von Dr. Heintz halten:

1. Grundangeln ohne Floß,
    a) mit bzw. ohne Bodenblei,
    b) Heben und Senken,
2. Grundangeln mit Floß,
    c) mit rinnendem Floß,
    d) mit festliegendem Floß,
3. Paternosterangeln mit und ohne Floß.

Grundangeln mit Bodenblei bzw. ohne dieses ist überall dort anwendbar, wo ich mit dem Köder auf den Grund kommen will und kann — gleichviel ob das Wasser seicht oder tief ist, maßgebend und bestimmend ist nur die Beschaffenheit des Grundes und die Stärke der Strömung. Wenn man, wie ich, mit Draht fischt, so braucht man in gelinder Strömung oder fast stehendem Wasser, wie z. B. im Oberwasser an Wehren, stillen Tümpeln usw., kein Blei oder höchstens ein Schrotkorn, aber selbst in der scharfen Strömung eines Mühlschusses oder unter einer Schleuse oder Turbine brauche ich kaum die Hälfte Blei als derjenige, welcher nur Schnur bzw. Poil als Zug verwendet; infolgedessen kann ich auch eine feinere Gertenspitze verwenden, welche wiederum ihrerseits erhöhte Empfindlichkeit besitzt und auf zarte Anbisse deutlich reagiert — das erspart mir auch das auf die Dauer ermüdende Halten der Gerte in der Hand, ich stoße dieselbe mit dem Erdspeer ein — die Rute liegt parallel der

Fig. 28.

Wasseroberfläche — und warte —: beißt ein Fisch, sehe ich es an dem Ruck an der Spitze; ich habe Zeit genug, die Rute, bei der ich ja ohnehin griffbereit sitze, zu fassen und den Anhieb zu setzen, wenn der Fisch die Spitze zum Wasser hinunterbiegt (siehe Fig 28).

Angle ich vom Boote aus, dann lege ich die Rute so auf das Rückwandbrett am Steuerende, daß dieselbe wie ein Wagebalken einer Schnellwage über dem Brett als Drehpunkt schaukelt (Fig. 29). Der leiseste Biß zeigt sich durch ein deutliches Senken der Spitze — auch hier erfolgt der Anhieb, wenn dieselbe zum Wasserspiegel herabgezogen wird. Da man vom Boote aus ohnedies mit leichten, kurzen Gerten angelt — gewöhnlich benütze ich hierzu eine Fluggerte —, so ist man imstande, die Berührung eines schwimmenden Grashalmes zu erkennen. Der Anhieb erfolgt durch kurzen Ruck seitlich — das kann und soll nicht oft genug gesagt werden — nie nach oben! Je feiner das Zeug, desto zarter muß angehauen werden — ev. nur mit einer Drehung im Handgelenk, so daß die Rolle nach oben zu stehen kommt. Muß ich schwerere Senker verwenden, der Gewalt der Strömung entsprechend, so verwende ich durchbohrte Bleikugeln verschiedener Größen — von 6 mm aufwärts (siehe Kap. Draht). Ich benötige bei Verwendung des Drahtes höchstens solche von 1—1½ cm für die schwerste Strömung.

Kugeln sind Oliven und dem öft genannten platten oder viereckigen Barbenblei vorzuziehen, da sie vermöge ihrer Gestalt weniger die Neigung haben, sich zwischen Steinen u. dgl. festzuklemmen, auch bei Hängen leichter loszubekommen sind, dagegen rollen sie über den Boden, besonders in wechselnder oder wirbelnder Strömung, hin und her, was dem Köder ein gewisses Leben verleiht. Wichtig ist, wie ich schon einmal

Fig. 29.

erwähnt: nicht mehr Blei nehmen, als gerade genügt, um zum Boden zu kommen, und das ist immer weniger, als man gewöhnlich annimmt.

Der Vollständigkeit halber erwähne ich hier die an der Donau, auch an der Elbe gebrauchte »Barbenwage« — welche, wie ihr Name sagt, zum Fang von Barben verwendet wird —; dieselbe ist aber ein so grobes Instrument, daß es nur von Ruten und Schnüren gröbsten Kalibers aus verwendet werden kann — hat somit mit dem feinen Sport nichts zu tun und kann füglich außer acht gelassen werden.

Dagegen möchte ich eine Art des Grundangelns an dieser Stelle beschreiben, welche zwischen Heben und Senken und dem Bodenblei mitteninne steht, — welche ich laufende Grundangel nennen möchte.

In ihrer primitivsten Form lernte ich dieselbe vor etwa 30 Jahren von einem biederen Fischdieb in meiner Heimat, welcher damit kolossale Erfolge hatte, kennen; später baute

3*

ich mir die Methode zu größerer Feinheit aus und übe sie, wo ich kann, denn sie kommt an Eleganz und Reiz der Spinnfischerei am nächsten, schon deshalb, weil man mit ihr große Wasserstrecken und -mengen abfischen kann und in ständiger Bewegung ist und entschieden mehr fängt als beim usuellen Hocken auf einem Orte. Zu meiner Freude fand ich während des Krieges einmal ein paar Blätter einer deutschen Angelzeitung und darin meine Methode mit einiger Modifikation geschildert — leider konnte ich den Namen des Verfassers nicht erfahren, weil der Kopf des Artikels fehlte —, aber die Hauptsache stimmte und auch die Befriedigung des Veröffentlichers über den Wert und die Feinheit dieses Sports. Ich verwende also eine zirka 4—4,5 m lange, nicht zu schwere und nicht zu steife Gerte, feine Schnur (Nr. 1, 8 Pf. Tragkraft), feinstes Drahtvorfach, 2½ m lang, daran eine kleine Angel (Nr. 10—12) an zwei Poillängen. Als Senker je nach Strömung und Tiefe 3—4 Schrote Nr. 4 (= 4½), zwei Schrote an das obere Poil, 2 Schrote an den Draht (Fig. 30).

Werfe quer stromab übers Wasser, lasse bis zum Grund sinken, hebe dann, aber nur so viel, daß der Köder über dem Boden schleift; — erst in der Nähe des eigenen Ufers, dann weiter hinüber und flußab, soweit ich werfen kann, und zwar werfe ich, so absonderlich es klingen mag — wie mit der Fliege — und lasse bei weiten Würfen Schnur »schießen« — es wird mancher vielleicht den Kopf dazu schütteln, aber er soll es nur probieren — es geht tadellos, und er wird, wenn die übrigen Umstände nicht allzu ungünstig sind, staunen, was er für Fische herausbringt.

Fig. 30.

Vom Boote aus ist's noch schöner zu fischen, man kann sich durch das langsame Nachrinnenlassen des Bootes einfach durch Lüften eines Ankers viele Würfe ersparen und bei manchem Hänger sein feines Zeug retten; denn eines stimmt: man verliert verhältnismäßig viel Angeln, wenn man vom Ufer aus fischt und der Grund stark verunreinigt ist.

Den Lösering mitzunehmen empfiehlt sich sehr bei diesem Fischen.

Heben und Senken.

Wie der Name schon sagt, wird der zum Grund gesenkte Köder mehr oder minder hoch in die Höhe gezogen und wieder

heruntergelassen und so eine Stelle nach der andern abge-
fischt.

Die Grundangelei mit rinnendem Floß

hat den Zweck, den Köder in einer bestimmten unveränderlichen
Höhe zu führen. Im rinnenden Wasser, dessen Tiefe in den
meisten Flußläufen oft auf kurze Strecken wechselt, muß man
von Mal zu Mal die Stellung des Floßes zum Köder korrigieren,
außer man fischt ganz oberflächlich oder nur in mittlerer Tiefe.
Bedingung dabei ist, daß man die Wassertiefe genau kennt bzw.
auslotet und auch den Stand des Krautes am Boden bestimmt,
damit der Köder darüber gleite, nicht aber sich hinein verhänge.
   Diese Methode eignet sich am besten zum Befischen ruhiger
Strömungen mit gleichmäßiger Tiefe und von ruhigen oder
stehenden Stauwassern, Tümpeln, Altwässern u. dgl. Man
nehme das Floß so klein und unscheinbar wie möglich und be-
schwere es so, daß es nur ein wenig über dem Wasserspiegel
stehe; es soll dem Anbiß möglichst wenig Widerstand leisten,
daher sei es so schmal und spitz wie möglich, ev. nur ein größerer
oder kleinerer Federkiel oder eine Stachelschweinborste. In
strömungslosem, stillem Wasser braucht man eigentlich keinen
Senker; es wird von manchen Autoren geraten, das Floß selbst
zu beschweren, damit es sich aufstelle und tauche — ich halte
das für nicht gut — es wird schwerer als der Köder und platscht
beim vorsichtigsten Wurf aufs Wasser — ich ziehe vor, lieber
8—10 kleine Schrote von 2—3 mm Durchmesser anzuklemmen;
diese sind alleweil unsichtbarer und besser zu werfen, und vor
allem entführen sie den Köder schnell in die Tiefe, bevor ihn
hochstehende Lauben usw. abnaschen können. An dieser
Stelle mag auch das Auswerfen besprochen sein: Vor allem
lerne man es, daß zuerst der Köder, dann erst das Blei und
zuletzt das Floß ins Wasser falle, nur so erfolgt der Wurf ge-
räuschlos. Das ist aber nur möglich, wenn das Einstellen in
einem spitzen Winkel zur Wasserfläche erfolgt.
   Wenn die Schnur nicht länger ist als die Gerte, ev. 1 m
länger, braucht man nur vor sich hinzuschwingen — bei weiteren
Würfen zieht man Schnur von der Rolle und läßt dieselbe im
Momente des Vorschwunges los — das geht, wenn man so viel Be-
schwerung durch Senker und Floß gewonnen hat, daß diese allein
die Rolle ins Laufen bringen —, fischt man aber mit feinstem
Zeug, dann kann man einen weiteren Wurf nur machen, wenn
man wie mit der Fliegengerte wirft; nur achte man darauf,
daß sich die Schnur gut nach hinten streckt, sonst schlägt man

sich den Haken ab, oder die Schnur überwirft und ver-
schlingt sich.

Auf alle Fälle soll man nicht einmal versuchen weiter
zu werfen, als unbedingt nötig ist.

Die Grundangel mit festliegendem Floß

ermöglicht das Befischen von Wasser wechselnder Tiefe, kleinen
Wirbeln und Gumpen. Das Blei muß so schwer sein, daß es
den Köder am Boden festhält; ca. $\frac{1}{3}$ m über der ermittelten
Wassertiefe sitzt das Floß, welches möglichst leicht und klein
sein soll.

Für diese Art Fischerei ist besonders das von unter Kap.
Floß beschriebene Floß geeignet. Es wird ebenfalls $\frac{1}{3}$ m über
der gefundenen Wassertiefe angebracht — der Köder wird aber
bei dieser Art zu fischen direkt stromauf eingeworfen; wenn
das Floß richtig gestellt ist, stellt es sich senkrecht auf und sieht
$\frac{1}{3}$ aus dem Wasser — ist es zu lang gestellt, legt es sich flach; —
ist es zu seicht gestellt, geht es unter. Hat sich das Floß richtig
aufgestellt, so steht es in der stärksten Strömung und im Wirbel
unbeweglich — ein großer Vorteil den andern Schwimmern
gegenüber, welche tanzen. Nun nimmt man Schnur zurück
bis fast zur vollen Spannung und kann beim Anbiß sofort an-
hauen, weil keine locker hängende Schnur da ist und kein
hemmendes Zwischenglied, das den Anhieb fängt, wie in dem
Absatz über Floß beschrieben. Trotz seiner verhältnismäßigen
Größe ist es überaus empfindlich und registriert den Biß eines
Kreßlings so präzise wie den eines großen Barsches.

Die Paternosterangel

gehört streng genommen zur Grundfischerei mit Bodenblei,
von welcher sie sich nur dadurch unterscheidet, daß der Senker
zu unterst angebracht ist und die Angeln vom Vorfache senkrecht abstehen, statt dessen Verlängerung zu bilden, und daß
man 2—3 oder mehr beköderte Angeln verwenden kann.

Sie ist dem Bodenblei unbedingt überlegen, wenn man den
Köder in tiefes Wasser mit sehr unebenem oder bewachsenem
Boden zum Grunde bringen will, ohne fürchten zu müssen,
daß derselbe sich verhängt oder in Gras und Kraut ungesehen
vom Fische verschwinde. Verhängt man sich überhaupt, so
ist fast in allen Fällen nur das Blei verloren, das ohnehin
an einem so feinen Zeug befestigt ist, daß es ohne Mühe
abreißt.

Seit ich in der ersten Auflage des »Angelsport im Süßwasser«
die Befestigung des Bleies an eine Drahtschlaufe, die sich selbst
aufzieht, kennengelernt habe, verwende ich als Endstück nur
noch ein Stück feinen oder feinsten Drahtes von 25—50 cm
Länge je nach Erfordernis, wenn ich nicht schon den ganzen
Apparat aus Draht so herstelle, wie es Dr. Heintz lehrt, oder
die von mir beim Aal usw. beschriebene Modifikation
desselben. Wenn man zum Paternosterfischen ein Floß an-
bringen will, kann man mit Erfolg auch das im vorigen Absatz
empfohlene benützen.

Der Karpfen. *Cyprinus carpio.*
(Carp. Carpe.)

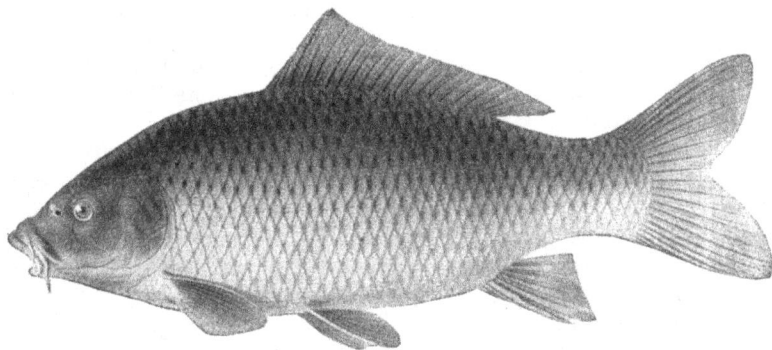

Der Schuppenkarpfen.

Es gibt wohl keinen Fisch, über dessen Fang es so viele
auseinandergehende Meinungen und Erfahrungen gibt. Die
einen empfehlen massives Zeug, die andern das Gegenteil,
diese große, jene kleine Haken — und die Wahrheit liegt ungefähr in der Mitte: an und für sich ist der Karpfen, besonders
wenn er einmal größer und älter wird, ein äußerst scheuer,
vorsichtiger und dabei launischer Geselle. Lebt er noch dazu
in einem großen, nahrungsreichen Wasser, dann ist's schon
eine Kunst, erst einmal seine Lieblingsfutterplätze zu finden
und dann ihn an die Angel zu bekommen, sonst ist sein Fang
eben Zufallssache. Anders liegen die Verhältnisse in kleinen
Flüssen, wo er an weniger zahlreichen Lieblings- und Futter-
plätzen zusammengedrängt steht, bei seinem großen Nahrungs-
bedürfnis zu intensiverer Futtersuche gezwungen ist, besonders

wenn sein Bestand ein guter oder reicher ist. — Wird er dort
außerdem nicht durch intensivere Nachstellungen vergrämt,
so beißt er vertraut auch auf ganz grobem Zeug — wie ich das
in Galizien an der Wereszyca beobachten konnte, die allerdings
einen so hervorragenden Stand an Karpfen hat, daß es sich
dort verlohnt, eigens auf ihn zu angeln; die dortigen Bauern-
fischer gebrauchen das primitivste Zeug, das man sich denken
kann — dicke, selbstgedrehte Hanfschnüre — oder 20haarige
Roßhaarschnüre, an welche ohne Übergang ein Ringhaken
Nr. 1 oder 1/0 angeknüpft wird, ungeheure Schwimmer und als
Köder ein reichlich walnußgroßes Stück Kartoffel — und fangen
die schwersten Karpfen — und doch habe ich dort mit meinem
feinen Zeug viel größere Strecken erzielt und viel größere Fische
gefangen als jene.

Habe ich doch dort den schwersten Karpfen, den ich je
fing — er wog 11 kg — an der Stewartfluggerte von Wieland
glatt gelandet, mit einem feinen Plötzenzeug, und mit einem
Freunde zusammen an einem Tage die respektable Strecke von
23 Stück erreicht.

Das beweist, daß man mit feinem Zeug immer reüssiert.

Wer Karpfen angeln will, muß Geduld haben und viel
Ausdauer, denn, wie gesagt, er ist sehr launisch — heute beißt
er nur morgens beim Tagesgrauen — morgen am Abend —
übermorgen mittags, wenn die Sonne am schönsten scheint, —
und am nächsten Tag womöglich gar nicht. Aber auch die
Umstände, unter denen er beißt, sind verschieden; er beißt
jetzt am Grunde oder in der Nähe desselben und dann kurz
darauf an der Oberfläche, besonders an warmen, windstillen
Tagen im Hochsommer.

Da man sich bei ihm nicht zu beeilen braucht, verwende
ich immer zwei Angelruten, die eine mit oder ohne Bodenblei,
je nach der Strömung und dem Grunde, die andere mit dem
von mir beschriebenen Floß aus Holz, ziemlich seicht gestellt,
— und warte.

Die Art und Weise, die Angel auszulegen, wie sie Dr. Heintz
beschreibt, nämlich Schnur abzuziehen und so auszulegen,
daß der Karpfen beim Anbiß damit abgehen kann, ist die richtige;
nur im Frühjahr, wenn das Hochwasser zu verlaufen beginnt
und die Karpfen noch nicht im Futter stehen, nehmen auch die
großen den Köder energischer und vertrauter; je weiter das
Jahr fortschreitet, desto lauer und vorsichtiger sind die Anbisse, um gegen den Herbst zu, wenn das Kraut abzusterben
beginnt, wieder energischer zu werden. Ich habe die Wahr-

nehmung gemacht, daß die besten Karpfenfänge im September-Oktober zu machen sind, wenn diese Monate warm und sonnig sind. Sobald empfindliche Nachtfröste eintreten, ist die Karpfenangelei vorüber. Unerläßlich, selbst bei sehr guten Fischbeständen, ist das reichliche Anfüttern mit Grundköder — am besten gekochte Kartoffeln, an mehreren Plätzen, um diese wechseln zu können, wenn die Fische durch den Fang und Drill einiger Artgenossen vergrämt sind.

Man kann durch richtige Anwendung des Grundköders den Karpfen derart an einen Platz fesseln, daß wenige Meter darunter oder darüber kein Anbiß zu erhalten ist.

Ich will dazu ein selbsterlebtes Beispiel erzählen:

Vor 20 Jahren war die Moldau in und um Prag noch nicht reguliert und recht reich an großen Karpfen — nur mußte man eben ihre Standplätze genau kennen. Unter anderem war damals gerade ein neuer Floßhafen gebaut worden, welcher aber

Der Spiegelkarpfen

nach allgemeiner Ansicht keine Fische beherbergen sollte. Eines Tages sagte mir der Mann, welcher mein Boot zu betreuen hatte, er habe im Hafen Karpfen angefüttert, und so zogen wir am Nachmittag hinaus, um abends mit vollen Rucksäcken heimzukehren; leider ist man in der Nähe der Großstadt nie unbeobachtet, und richtig saßen am übernächsten Tage schon einige »Wanzen« da und fingen unsere Karpfen; wir beschlossen also, das Uferfischen aufzugeben — mein Bootsführer fütterte in der Nacht die Karpfen ca. 20 m vom Ufer weg durch einige

Tage auf neue Plätze an, und als wir dann vom Boote aus diese Stellen befischten, fingen wir einen Karpfen um den andern, während die »Wanzen«, deren Zahl sich inzwischen vervielfacht hatte, wehmütig vom Ufer aus zusahen, ohne auch nur einen Biß zu haben.

Ich verwende zum Karpfenfischen vom Ufer aus gerne eine längere Rute, 4—4,50 m lang — besonders in größerem Wasser —, in kleineren Flüssen oder vom Boote aus die schon erwähnte 3 m lange Stewartfluggerte aus Lanzenholz, welche den richtigen Grad von Weichheit bei enormem Rückgrat hat und speziell für den zügigen Anhieb einzig ist. Als lange Rute habe ich die auch von Dr. Heintz empfohlene, doppelhändige Stewartfluggerte, ebenfalls von Wieland, am geeignetsten gefunden, und zwar mit der langen feinen Fliegenspitze; nur möchte ich jenen, welche sie speziell für Karpfen benützen wollen, empfehlen, sich außer der gelieferten Greenhartspitze noch eine ebensolche aus gespließtem Bambus, ev. mit 20 cm langem Fischbein am Ende, anfertigen zu lassen.

Als beste Rolle empfehle ich die Nottingham-Rolle, 8 cm, mit starker Sperrfeder — Schnur Nr. 1½, 10 Pfd. Tragkraft, Vorfach 1 m lang, aus allerbesten Poils geknüpft, Hakengröße 8—10 der Limerikskala; ich verwende mit Vorliebe Perfektbzw. »Italien«-Haken Sneckbent oder in letzter Zeit »Gladia«Haken Nr. 6.

Nicht zu empfehlen sind die sog. »Karpfenhaken« in Limerikform mit kurzem Schaft und ausgebogener Spitze — sie haben einen zu großen »schädlichen Winkel«, und der Anhieb geht gewöhnlich fehl —; ich habe ihren Gebrauch längst aufgegeben und auch die meisten Karpfenspezialisten, die ich kenne.

. Wichtig ist, daß die Spitze haarscharf und nicht zu lang ist und der Widerhaken kräftig sei; denn der Karpfen hat ein lederhartes Maul.

Früher färbte ich meine Poils grün oder braun — jetzt bin ich auch davon abgekommen; nur können die Poils nicht gut genug sein; doppelte Poils sind überflüssig, außerdem schon zu sichtlich, ebenso Wirbel. Die Senker wähle man so k l e i n a l s m ö g l i c h; für die Floßangel, wenn man überhaupt welche braucht; lieber mehrere kleine Schrote als einen Bleipatzen; fischt man mit Kartoffeln, so wird das leichte Holzfloß ohnehin tief genug getaucht, um so mehr als der Karpfen scharfe Strömungen meidet und man ihn schon mit Rücksicht darauf, daß der Grundköder vom Wasser nicht vertragen wird, möglichst in ruhigem Wasser anfüttern wird.

Im Sommer stehen die Karpfen ziemlich hoch, spielen und suchen im Kraut, in Seerosen u. dgl. und nehmen die Nahrung gern an der Oberfläche; da muß man sich anpirschen wie an einen alten Bock, das feinste Zeug möglichst weit zu ihnen hinüber lautlos werfen und alles vermeiden, was sie vergrämen könnte, besonders starkes Auftreten am Ufer und Sichsehenlassen. Wieland empfiehlt für den Weitwurf dieser Art ein von Hr. Wild erfundenes Wurfblei — ich habe es praktisch nicht erprobt; denn ich bin mit einer Kartoffel am•Haken und dem Wurfe nach Flugangelart noch. stets ausgekommen.

Der Anbiß gestaltet sich je nachdem ganz verschieden — in den seltensten Fällen in einem stetigen Zuge — gewöhnlich fängt das Floß an leise zitternde Tauchbewegungen zu machen, wenn der Karpfen am Köder zu tasten und zu kosten beginnt; erst wenn er ihn voll erfaßt hat, taucht das Floß und geht in die Tiefe weiter oder »segelt« — jetzt ist der Augenblick zum Anhieb da, der zugig seitlich zu setzen ist.

Beim Angeln ohne Floß gerät die Gertenspitze in kurze, zitternde Bewegung, und erst wenn der Fisch mit der ausgelegten Schnur abzieht, haue man an, sobald sich diese spannt. Hat man keine Schnur ausgelegt, dann fasse man die Gerte, sobald die Spitze zu zittern beginnt, und im Moment, da diese zum Wasserspiegel gebogen wird, muß der Anhieb erfolgen. — Eine Sekunde später hat der Karpfen den Köder losgelassen, wenn er einen Widerstand fühlt. Man ködert Kartoffeln indem man Würfel auf den Haken steckt und mit dem Messer zu Kugelform gestaltet; die Spitze darf nie heraussehen (siehe Fig. 31a und 31b). Die Sneckbent und Gladiahaken eignen sich am besten dazu, weil auf dem breiten Bogen der Kartoffel fest aufsitzt. Die vielfach empfohlene Art des Köderns von Kartoffeln und Teig an kleinsten

Fig. 31a.   Fig. 31b.

Drillingen habe ich nie versucht, weil ich einerseits stets mit dem einfachen Haken auskam, andererseits von der Erwägung ausging, daß man doch fast nie alle 3 Haken auf einmal ins Fischmaul schlagen kann und ein einzelner solcher feiner Haken den ungebärdigen Befreiungsversuchen eines auch nur 4—5 Pfd. schweren Karpfens nicht gewachsen ist. Dagegen erscheint mir die im »Angelsport im Süßwasser«, IV. Auflage, geschilderte Paternosterangel recht brauchbar, aber ohne Drillinge und die Angeln etwas weiter, 50—75 cm voneinander, eine mit Wurm,

eine mit Kartoffel oder Teig beködert. Der Wurm ist ein guter
Köder, besonders der Rotwurm, aber meist nur im Frühjahr
oder nach einem Hochwasser, wenn das Wasser noch leicht
angetrübt ist; sonst fängt man viel öfter und viel eher einen
großen Barsch oder große Plötzen als Karpfen, wie ich mich
oft überzeugte, wenn ich Wurm- und vegetabilische Köder
nebeneinander verwendete. Angelt man mit Würmern, sollen
diese recht lebendig sein und die Enden im Wasser flottieren.
Man nehme 2—3 Würmer und stecke sie nicht zu lang an, sehe
aber darauf, daß die Hakenspitze gut bedeckt sei. Sehr gut
ist die »Hosenanköderung« (siehe Köder) mit 2 Tauwurm-
schwänzen, besonders bei oder nach dem Hochwasser, die Enden sollen aber nicht länger sein wie 4—5 cm!

Den angehauenen Karpfen halte man stramm — die großen
haben die Gewohnheit, in den Grund zu bohren oder unter
Kraut und ins Schilf zu gehen —, wo sie regelmäßig abreißen;
man hebe ihn daher und führe ihn im offenen Wasser — kann
man laufen, dann führe man ihn rasch stromab und ermüde
ihn auf diese Weise. Habe ich ein halbwegs günstiges Ufer,
dann überrumple ich auch den schweren Fisch, indem ich »Griff
zeige« und so weit ins Land zurückgehe, daß ich den Fisch stran-
den kann — wonach das Bergen mit Landungsnetz oder Gaff
keine Schwierigkeit bereitet. Bei ungünstigem Ufer oder vom
Boote aus hüte man sich, einen starken Karpfen vor Ermüdung
ins Netz bringen zu wollen — dann verliert man ihn regelmäßig.
— Man erkennt sein Ermatten daran, saß er mit dem Schweife
aus dem Wasser kommt und sich dann zur Seite legt — das
ist der Moment, wo man ihm das Landungsnetz unterschieben
kann. Wie bei jedem Drill ist es auch hier von größtem Vorteil,
den Kampf auf weitere Distanz auszutragen — um vom Fisch
nicht gesehen zu werden.

Es erübrigt sich, noch zu sagen, wo man den Karpfen zu
suchen hat: vor allem in ruhigerem Wasser — in leichten,
stetigen Rückläufen und Wirbeln mit langsamer Strömung,
und zwar bei normalem Wasserstande in der Mitte der Wirbel,
wo das Futter zusammengetrieben wird, im Stauwasser ober
Wehren, in Altwässern, in Hafenanlagen meistens am Mund,
wo die Strömung leicht verläuft — in der Nähe von Krautbetten
und Schilfbeständen und besonders gern dort, wo Seerosen
stehen, über weichem Grund, selten über Sand oder Kies.

In großen Flüssen und Altwässern muß man die
Plätze sehr gut kennen, welche von den Karpfen aufgesucht
werden.

Am besten frägt man sich bei Lokalkundigen an, wenn
man selbst nicht Zeit und Gelegenheit hat, dieselben auszu-
kundschaften. Man kann vom April an, wenn sich das Wasser
zu erwärmen beginnt, zu jeder Tageszeit angeln — besonders
früh und dann vom Spätnachmittag an bis tief in die Dämmerung
hinein — besonders gut sind Tage mit leichtem Strichregen,
Westwind, fallendes und sich klärendes Wasser und im Hochsommer gewitterige Tage, die Zeit vor dem aufsteigenden
Gewitter — nicht während desselben — und trübe warme Tage
mit nicht zu starkem West- und Südwestwind.

Der Blei oder Brachsen. *Abramis brama.*

(Brasse, Bressen, Brachsmen, Bream, Brême.)

Der Brachsen

lebt wie der Karpfen nur im wärmeren und tieferen Wasser
mit weichem Grunde und hält auch dieselben Stände ein wie
der Karpfen; besonders sind es die ruhigen Stellen neben der
Strömung, Altwässer, Oberwasser von Wehren, Hafenmündungen
u. dgl. Da er gesellig lebt und nicht so scheu ist wie der Karpfen,
kann man leicht große Strecken erzielen, aber ebenso unerläßlich ist es, reichlich Grundköder auszuwerfen, namentlich in
größeren Wässern, um die Bleie an einen Platz zu gewöhnen.
Da der Blei in zusagendem Wasser ganz respektable Größen,
5—10 Pfd., erreicht, ist das Angeln auf ihn eine dankbare Sache.
     Habe ich zum Fange von Karpfen feines Zeug verlangt,
so verlange ich es noch mehr für den Blei. Unbegreiflicher-

weise werden in den meisten Angelbüchern viel zu große Haken-
größen angegeben — die einzig richtige fand ich allein in dem
Werkchen »Am Fischwasser« v. Rühmer und Buschkiel angegeben und illustriert, nämlich Hakengröße 10—14 Limerikskala; man bedenke doch, daß ein Blei von 4 Pfd. ein im Vergleich zu seiner Größe oder zu einer 1½—2 pfündigen Plötze
geradezu winziges Maul hat.

Tatsächlich habe ich beim Plötzenfischen mit feinstem
Zeug, 14er Haken, und 1—2 Maden als Köder sehr häufig
schwere Bleie gefangen — dagegen auf die Karpfenangel,
trotzdem ich sehr feines Zeug und kleine Haken verwende,
äußerst selten einen, dagegen wiederholt große Plötzen mit
2—3 Pfd. Es läßt sich also zum Fange von Bleien als Kardinal-
regel aufstellen: feinstes Zeug, kleinste Flöße (wenn
man damit angelt), feinste Poils und kleinste Haken mit
kleinsten Würmern beködert und reichlichst Grundköder.

Als solchen verwende ich Kartoffeln wie beim Karpfen,
aber in haselnußgroße Stücke geschnitten, dazu Regenwürmer;
ist das Wasser angetrübt, angle ich mit diesen, und zwar mit
ganz kleinen Rotwürmern oder Goldschwänzen, ev. mit Kartoffelteig, in kleinhaselnußgroßen Kugeln auf den Haken gedrückt, so daß dieser ganz darin verhüllt ist — bei klarem Wasser
mit Maden — besonders im Herbst.

Der Blei beißt langsam, das Floß geht im geraden Zuge unters
Wasser, und man kommt nicht leicht mit dem Anhieb zu spät.

Angelt man ohne Floß, so wird die Rutenspitze erst ein-
bis dreimal sanft abgebogen, ehe sie zur Wasseroberfläche
niedergezogen wird, in welchem Momente anzuhauen ist.

Angelt man vom Boot aus und legt die Rute wie einen
Wagebalken aus (siehe dort), so kommt die Rute in ein ganz
charakteristisches Schaukeln, ehe sie herabgezogen wird, worauf anzuhauen ist.

Der Anhieb sei kurz seitlich und nicht zu stark, nur aus
dem Gelenk geführt; der Blei hat ein zartes Maul.

Nach dem Anhieb halte man ihn stramm, er kämpft nicht
lange und auch nicht energisch wie der Karpfen — kleineren
Fischen zeigt man den Griff und führt sie ins Netz.

Die beste Zeit, Bleie zu angeln, ist vom August an bis spät
in den Oktober hinein, besonders zeitlich am Morgen vom Tagesgrauen an, dann der Spätnachmittag bis zum Finsterwerden,
im Herbst und Spätherbst den ganzen Tag über, besonders
wenn die Sonne warm scheint.

Im Sommer kann man auch an trüben, warmen, regnerischen Tagen mit leichtem Westwind untertags gute Beute
machen, besonders wenn das Wasser leicht angetrübt ist. Man
angelt dann mit dem leichten Bodenblei und Rotwurm.

Die Plötze oder das Rotauge. *Leuciscus rutilus.*
(Roach. Gardon.)

Das Rotauge.

Obzwar der gemeinste unter unseren Friedfischen, ist er
doch derjenige, der vielleicht von allen den feinsten Sport ge-
währt, besonders in wärmeren, nahrungsreichen Gewässern, wo
er eine Größe bis zu 2, auch 3 Pfd. erreichen kann. Da die
Plötze in großen Scharen beisammensteht, wenn sie nicht vergrämt ist, Schlag auf Schlag beißt — sich an der Angel ganz
kräftig wehrt, wenn sie erst einmal 1 Pfd. schwer ist, und nur
mit feinstem Zeug überlistet werden kann — so bietet sie unter
allen Umständen mehr Sport als die Forelle eines Wiesenbäch-
leins, welche einfach ohne Umstände aufs Land geworfen wird.
Ihr Stand ist in Flüssen: mittelstarke Strömung, möglichst
über sandigem oder feinkiesigem Grund, 1, 2 bis 3 m Tiefe
und mit Vorliebe solche Stellen, wo eine Tiefe sich langsam
verflacht, Krautbetten, Grasflecke und Schilfbänke; sie steht
aber auch in den Altwässern, besonders wenn solche Zu- und
Abfluß haben, in der Nähe dieser und geht den ganzen Tag,
sogar im Winter, an die Angel — vorausgesetzt, daß dieselbe
so fein ist wie möglich.

In tieferem Wasser über 2 m empfiehlt sich die Angel
ohne Floß mit Bodenblei. Zug von feinstem Messingdraht
0,20—0,30 mm, Angelgröße 12—14 an einem Äschenpoil von
35 cm Länge — bei etwas angetrübtem Wasser Rotwürmer
als Köder, sonst Fliegenmaden. Im klaren, seichteren Wasser

die Floßangel — Zug aus Pferdehaar 2,75 m lang, oben 3, unten 2 Haare, Haken 14—16 an feinstem Äschenpoil ev. bei sehr klarem Wasser nur an einem Pferdehaar angewunden, — feinstes Floß: ev. nur ein einfacher Gänsekiel von 4 cm Länge; den Köder bis zum Boden gesenkt; der Senker sei möglichst klein, beim kleinsten 4 cm Floß nur ein Schrot 2½ mm Durchmesser (Nr. 12), bei größerem lieber mehrere dieser Größe 10—15 cm Abstand voneinander. Das einzige bzw. unterste Schrotkorn klemme ich 5 cm oberhalb des Hakens an.

Entsprechend diesem feinen Zeuge muß die Gerte so leicht und weich wie möglich sein — ich persönlich schätze eine 15 bis 25 cm lange Fischbeinspitze am Ende der Holzspitze außerordentlich, weil ihre Elastizität einen zu starken Anhieb paralysiert, andererseits beim Angeln ohne Floß infolge ihrer überaus großen Feinheit und Empfindlichkeit den feinsten, leisesten Anbiß anzeigt. Gerade die großen und größten Plötzen biegen die Spitze kaum merklich ab, ehe sie den zweiten, ebensolchen Zug machen — erfolgt da nicht der Anhieb, so ist's vorbei; ist daher die Gertenspitze steif, so bemerkt man trotz gespanntester Aufmerksamkeit nichts und angelt mit leeren Haken.

Ich liebe daher zum Plötzenfischen eine leichte, 3½ m lange, weiche Fluggerte, deren Spitzen ich mit einem 15—20 cm langen Stück Fischbein anschiffte. Als Rollschnur Nr. 1, 8 Pfd. Tragkraft, an welche ich die erforderlichenfalls zu nehmenden Spezialangelzeuge aus Schnur ½, 4 Pfd. Tragkraft, oder Roßhaar, welche ich fertig montiert auf den im Kap. Ausrüstung beschriebenen Aufschlaghölzern mitführe, anknüpfe; ich bediene mich hierzu sowie zum Verbinden der Draht- und Poilvorfächer einer Art Schleifenknotens, nur ziehe ich

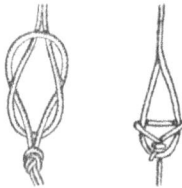

Fig. 32.

denselben so zu, daß die Öse des Zuges usw. auf dem Knoten reitet, was die Verbindung außerordentlich erstärkt und wie ein Puffer wirkt (siehe Fig 32).

Beißen die Plötzen lebhaft, dann geht das Floß nach 1 bis 2 kurzen Zucken in die Tiefe. An der Gertenspitze, beim Angeln ohne Floß merkt man 2—3 kurze energische Zucke, dann erst wird die Spitze abgebogen — läßt man die Gerte schaukeln, so sieht man ebenfalls erst das den Anbiß der Plötze charakterisierende Zucken an der Spitze, ehe dieselbe heruntergezogen wird.

Beißen sie aber lau oder vorsichtig, dann merkt man am empfindlichsten, kleinsten Floß nur ein minimales Tauchen — das dem Anfänger oft entgeht, während wirklich ihm ein großer Fisch die Made fortgenommen hat — an der Gertenspitze das vorhin beschriebene feine Biegen der Spitze und selbst an der schaukelnden Gerte nur ein sanftes Kippen der Rute nach unten.

Grundköder ist im angetrübten Wasser nicht notwendig, wenn man die Standorte der Plötzen kennt — denn dann ziehen sie ohnedies lebhafter auf Nahrungssuche, nur während des Angelns empfiehlt es sich, öfter kleine oder zerschnittene Würmer einzuwerfen, und zwar mit Rücksicht auf die Strömung 3, 4 und mehr Meter stromaufwärts des Angelplatzes — vom Boote aus von dem der Strömung zugekehrten Ende noch einige Meter stromaufwärts. Verwendet man den automatischen Grundköderapparat (siehe Fig. 32), so empfiehlt es sich ebenfalls, denselben von diesem Ende aus an den Grund zu senken, dann kommt der Grundköder in die nächste Nachbarschaft des Angelköders.

Alte Plötzenfischer verwenden, wenn sie vom Ufer aus angeln und mit dem automatischen Grundköderapparat anfüttern wollen, einen eigenen Stock, 4½—5 m lang, aus einfachem Bambus,

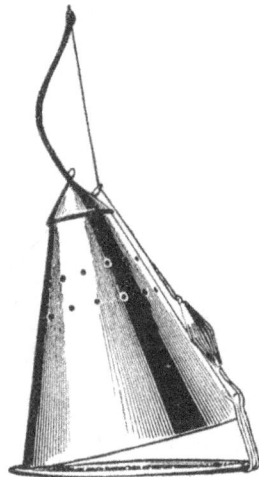

Fig. 33.

an dessen Ende eine Rolle befestigt ist, über welche die Schnur läuft, an der der Köderapparat hängt. Diese Ausrüstung ist zwar etwas kompendiös, gestattet aber, den Grundköder lautlos ganz genau dorthin auf den Boden zu bringen, wo man ihn hin haben will, und ist schließlich von jedem selbst herzustellen, aus einem Stück Bambusrohr, das an der Spitze noch reichlich fingerdick ist. Man schneidet es in 3—4 Teile, die man durch einfache Blechtüllen verbindet, an der Spitze befestigt man eine gewöhnliche Vorhangrolle aus Messing, wie dieselbe bei Zugrouleaus Verwendung findet — ein Stück Rebschnur ca. 10—12 m lang, das ist alles, was man braucht. — Statt Bambus, der jetzt vielleicht nicht zu haben ist, tun es auch Haselstöcke von Daumendicke und 1—1,50 m lang oder eine Fichtenstange. Macht man die Rolle durch eine

Tülle abnehmbar, kann man eine Gabel aufstecken und hat
noch ein brauchbares Instrument, mit dem man manch ein
verhängtes, feines Zeug retten kann, das man sonst unbarm-
herzig abreißen müßte (siehe Fig. 34).

Bei klarem Wasser ist der souveränste Grund- und Angelköder die Fleischmade, in früheren Zeiten verwendete man
mit Erfolg gekochten Reis oder Weizen, Maden kann man sich
noch immer beschaffen, wenn auch nicht mehr wie einst beim
Seifensieder, aber in Abdeckereien usw. usw.; schließlich kann
man auch vom Fleischer gestarrtes Rinderblut nehmen und
darin Maden züchten. Blut ist auch ein guter Grund- und
Angelköder für Plötzen, besonders im Juli und August, nur
muß es gut gestarrt sein (arterielles oder volkstümlich »hell-
rotes« Herzblut) und einige Tage in trockenem Sande eingegra-
ben sein, wodurch es gummiartig zäh wird; man schneidet es

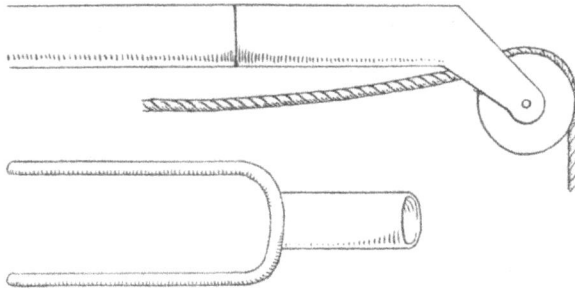

Fig. 34.

in Würfel, 1—2 cm groß, und stülpt diese auf den Haken,
nur muß man mit dem Anhieb bei der Hand sein — sonst
ziehen es die Fische ab.

Der Anhieb muß kurz aber sanft durch Drehung im Handgelenk seitlich erfolgen — der gehakte Fisch z a r t — sonst schnei-
den die feinen Angeleisen durch das weiche Maul — a b e r i n
s t e t i g e m Z u g e zum Landungsnetz geführt werden. — Ist das
Zeug besonders fein, wie die Einroßhaarschnur, lasse man ihn
an der weichen Gerte sich ruhig müde zappeln, z i e h e i h n a b e r
j a n i c h t a u f d i e O b e r f l ä c h e, sonst schlägt er herum, ver-
scheucht die anderen Fische und schlägt sich zum Schluß noch
los, sondern führe ihn in halber Wassertiefe bei einer Schräg-
haltung der Gerte von ca. 45°; wird er müde, verkürze man die
Schnur, zeige Griff und führe ihn rasch ins Netz.

Man vergesse nicht während des Angelns und besonders, wenn man schon einige Fische gefangen hat, immer wieder etwas Grundköder zu geben.

Wie aus dem Gesagten hervorgeht, ist die Plötze ein guter Sportfisch und die Beschäftigung mit ihrem Fange jedem zu empfehlen, der ein guter Sportfischer werden will, weil er bei keinem anderen Fisch es so leicht lernen kann, mit feinem und allerfeinstem Zeug zu fischen und gefangene Fische zu besiegen. Sagt doch einer der bekanntesten, englischen Sportschriftsteller: »Man lasse einen guten Plötzenfischer, der seinen 1- oder oder 2-Pfünder an einem Roßhaar drillt, die Gerte mit einem ausschließlichen Lachsfischer tauschen, und die Plötze wird mehr Aussicht haben loszukommen als der Lachs.« Da sie andererseits auch in Gewässern gedeiht, in denen edlere Fischarten nicht mehr weiterkommen, mit Ausnahme der Laichzeit, das ganze Jahr an die Angel geht, ja sogar im tiefsten Winter, besonders bei Schneefall — wenn Tauwetter herrscht und die Flüsse Schneewasser führen, beißt sie nicht —, so ist ihre Beliebtheit als Angelobjekt leicht erklärlich, um so mehr als fast jedermann auch materiell in der Lage ist, sich für wenig Geld vergnügte Stunden durch Ausübung eines gesunden, anziehenden und reizvollen Sportes zu verschaffen.

Die Schleie. *Tinca vulgaris.*
(Der Schlei. Schuster. Tench. Tanche.)

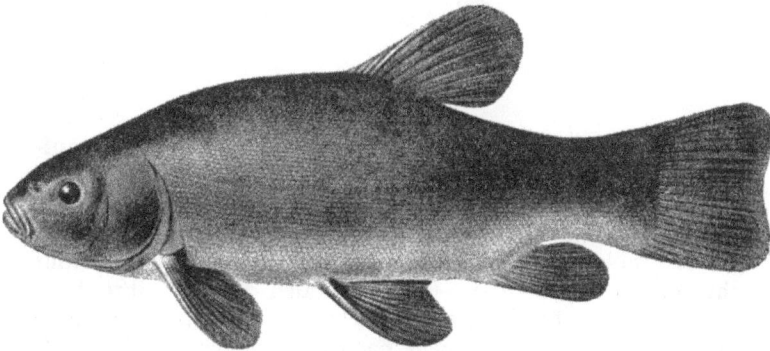

Die Schleie

genießt als Sportfisch keinen besonderen Ruf, so sehr ich sie als Tafelfisch schätze — besonders aus fließendem Wasser, wo sie keinen Schlammgeschmack hat. Obzwar sie in manchen

Gewässern nicht selten, in manchen, z. B. in den ostgalizischen Ebeneflüssen, sogar ziemlich zahlreich vorkommt und auch dort ansehnliche Größen erreicht — ich habe dort wiederholt 3 pfündige Stücke gefangen —, so lohnt es sich entschieden nicht, eigens auf sie zu angeln — man fängt sie gelegentlich nebenher beim Angeln auf Karpfen oder Plötzen auf dasselbe Zeug und die gleichen Köder, jedoch noch am besten am Wurm — sie wehrt sich auch nicht besonders —, nur möchte ich einer, in allen Fischbüchern wiederkehrenden Behauptung, widersprechen, daß sie endlos lange am Köder herumschnulle — im Gegenteile — wenn sie überhaupt beißt — und das war immer nur an kühlen, windigen und regnerischen Tagen —, dann tut sie es mit einem ganz energischen Ruck und Zug am Floß oder an der Gertenspitze.

Die Barbe. *Barbus fluviatilis.*
(Barbel. Barbeau.)

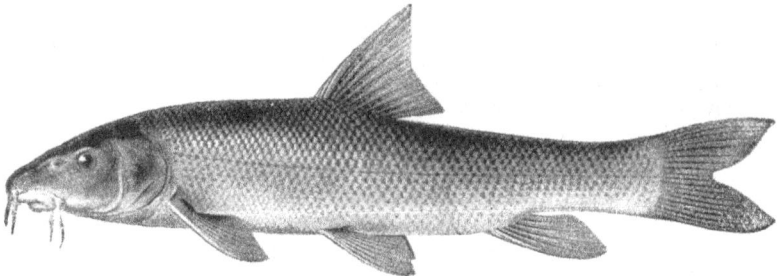

Die Barbe

gehört im Gegensatz zur Schleie zu den Sport- und Kampf-. fischen erster Reihe, besonders wenn sie 2—3 Pfd. erreicht hat. Sie geht in Flüssen bis in die Aschenregion hinauf; richtig groß wird sie aber erst weiter unten im wärmeren Wasser, wo sie auf grobkiesigem Grunde, in guter Strömung, unter Mühlschüssen, Wehrschleusen, im wirbelnden Wasser, ihre Lieblingsstände hat; bei Hochwasser steht sie wie die meisten Fische näher am Ufer — sonst mehr nach der tieferen Mitte. Sie ist das Hauptfangobjekt für das Angeln mit Bodenblei und die im allgemeinen Teil erwähnte »laufende Grundangel«, ersteres bei hohem, trübem Wasser, letztere bei Niederwasser. Bei der Fischerei mit Bodenblei kommt der von mir erwähnte Messingdraht in 0,5—0,6 mm erst recht zur Geltung — man verwendet

eine lange, etwas steifere Gerte, z. B. die wiederholt erwähnte
doppelhändige Stewartgerte mit der kürzeren Spitze, als Rollschnur Nr.1 ½, 10 Pfd. Tragkraft — Angeln Größe 6—10, an
einfachem, aber starkem und bestem Poil, und als Köder am
besten größere Tauwürmer nach Art der »Hose« angeködert.

Es ist vorteilhaft, besonders in Rückläufen und Wirbeln,
Grundköder zu werfen, und zwar zerschnittene Tauwürmer,
auch während des Angelns, jedoch ist es ratsam, nicht zu lange
an einem Platze zu bleiben, denn die gesellig lebende Barbe
zieht lebhaft umher. Hat man an einer Stelle schon eine oder
einige gefangen und hören sie auf zu beißen, so gehe man auf
einen anderen Ort suchen, man wird mehr Erfolg haben als
mit stumpfsinnigem Sitzenbleiben und stundenlangem Warten.

Die Barbe beißt sehr energisch mit einigen kräftigen
Rissen und quittiert den Anhieb sofort mit wilden Befreiungsversuchen, besonders mit reißendem Fluchten und Bohren nach
dem Grunde, sowie mit dem Versuch, das Vorfach mit dem
Schwanze abzuschlagen, so daß sich der Drill eines mehrere
Pfund schweren Fisches oft recht aufregend gestaltet. Da sie
aber ein lederartig zähes Maul hat wie der Karpfen, so kommt
sie nicht leicht ab, außer durch Bruch des Hakens —; wenn
das Zeug ansonst fest und tadellos ist, kann bei richtiger Behandlung nichts geschehen. Ihr Fang beginnt im Frühjahr,
sobald das Schneewasser verlaufen und die Wassertemperatur
sich zu erhöhen anfängt — und dauert bis zum Spätherbst
fort, mit Ausnahme der Laichzeit; sobald die Wassertemperatur
infolge der Nachtfröste stark sinkt, ziehen sich die Barben
in tiefe, ruhige Stellen zurück und verfallen wie die Karpfen
in eine Art Lethargie. Am besten beißen sie im Frühjahr,
besonders an lauen, trüben Tagen; im Sommer, bei niederem
Wasserstande am besten morgens und abends; bei hohem,
trübem Wasser gehen sie den ganzen Tag über an die Angel.

Der Rogen der Barbe sollte nicht genossen werden — es
sind nach seinem Genusse wiederholt Brechdurchfälle beobach-
tet worden.

Der Aal. *Anguillá vulgaris*

(Eel. Anquille)

fehlt im Donaugebiete und in allen Flußläufen, welche ins
Schwarze und Kaspische Meer münden, weil er infolge der
chemischen Beschaffenheit des Wassers in diesen Meeren nicht
laichen kann, da er ein Tiefseelaicher ist.

In den Flüssen hat er seinen Stand in tiefen, ruhigen Strömungen oder Wirbeln, wo er unter Steinen, versunkenem Holz
oder in dem Schlamm eingewühlt seinen Stand hat; auch hinter
Brückenpfeilern und Eisbrechern steht er gerne, sowie in Pilotenwerk und Faschinenbauten, wo er auf seine Beute lauert.

Allgemein wird er als Nachträuber bezeichnet, was aber
durchaus nicht ganz richtig ist, denn er beißt auch untertags,
bisweilen sogar an ziemlich seicht gestellten Floßangeln — ja
sogar einmal habe ich es erlebt, daß ein ziemlich großer Aal
an einem Federkielphantom, gelegentlich des Spinnens auf
Aitel gefangen wurde, und ein Angelfreund fing in der Moldau
einen beinahe 3 kg schweren Aal im Oktober an der nur 1½ m
tief gestellten Schluckangel mit Floß, welche mit einem großen
Kreßling zum Hechtfange beködert war, um die Mittagszeit.

Der Aal

Allerdings ist eines richtig, daß man die meisten Aale
gegen die Dämmerung zu fängt und oft in gewitterschwülen
Nächten.

Dort, wo er häufig vorkommt, denn es sagt ihm durchaus
nicht jedes Gewässer zu, lohnt es sich, speziell auf ihn zu angeln,
weil sein Fang interessant ist — die Rute kann etwas steif sein —.
Als Rollschnur genügt Nr. 1—1½, 8—10 Pfd. Tragkraft — aber
der Draht muß mindestens 0,4—0,6 mm stark sein und kann fast
so lang sein wie die Angelrute; zwischen ihm und dem Angelpoil wird vorteilhaft ein kleiner Einhängwirbel eingeschaltet,
der ein rasches Wechseln der Angeln gestattet, weil der Aal
meistens die Angel so gierig und tief schluckt, daß man ihn
nicht abködern kann, sondern samt der Angel in den Korb
werfen muß.

Die Angelschnur soll nicht länger sein wie die Angelrute, besonders wenn man vom Boote aus angelt; denn der Aal ist nicht nur ein sehr ungebärdiger Geselle, sondern hat außerdem noch die Gewohnheit, sich beim Zug zu wälzen, und wenn die Schnur einen Moment locker wird, sich in diese zu verschlingen, was beim Draht leicht zur Bildung einer Schleife und damit zum Abreißen führt, was wohl beachtet werden soll.

Als Angelgrößen nehme man Rund-, Perfekt-, Sneckbent-Haken Nr. 8, 9, 10. — Köder: hauptsächlich der Tauwurm, nach Art der »Hose« angeködert, oder mehrere, kleinere Würmer zu einem Bündel mit vielen, beweglichen Enden an den Haken gesteckt, kleine lebende oder tote Köderfische nicht länger als 5 cm — besonders Grundeln (Kreßlinge) oder, wenn zu haben, Pfrillen.

Ein sehr guter Köder ist das Neunauge, in der Form geködert wie ich im Absatz Köder beschrieben habe, und was ich nirgends erwähnt finde: die Flußmuschel.

An der Moldau, welche sehr reich an Aalen war, kam es oft vor, daß beim Plötzenfischen ein Aal das feine Zeug nahm, wahrscheinlich angelockt durch die reichlich als Grundköder geworfenen Maden — und natürlich das feinste Zeug abriß, weil man damit nicht forcieren konnte. Es war deshalb gebräuchlich, rechts und links vom Boote eine Angelrute mit Aalköder auszulegen — meistens mit Fischchen oder Muscheln beködert, was oft auch einen schweren Barsch — manchmal auch einen Zander in den Korb lieferte.

Als ich in der 1. Auflage des »Angelsport im Süßwasser« die Heintzsche Paternosterangel kennen lernte, baute ich dieselbe für meinen Gebrauch zum Aalfangen um, in der Weise, daß ich an dem gewöhnlichen Drahtzug ca. 40 cm oberhalb des gewöhnlichen Bodenbleies die Perle anlötete und den rotierenden Arm aber 20 cm lang anbrachte;

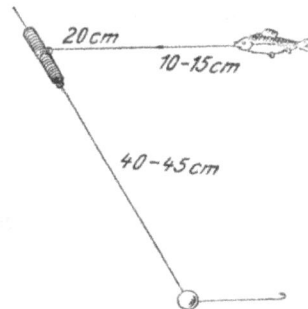

Fig. 35.

an diesen eine einfache Angel Nr. 8, am besten Perfekt, und daran nur durch die Oberlippe einen kleinsten Kreßling (5 cm) geködert, und zwar lebend — an der unteren Angel einen Tauwurm (siehe Fig. 35).

Konnte ich Neunaugen haben, dann diese — ich fing damit meine meisten und größten Aale, nebenher auch noch große Barsche und Zander.

Der Biß des Aales ist ganz charakteristisch — ein mehrmaliges, energisches Reißen an der Spitze der Gerte, welche dabei in konstantem Zuge zur Wasseroberfläche herabgezogen wird.

Hier ist erst anzuhauen, kurz und zügig. Der Aal muß sofort stramm angezogen werden und der Aal in stetem Zuge ins Boot gebracht werden, auf dessen Boden man vorteilhaft fingerhoch trockenen Sand gestreut hat, auf dem der Aal bald sich zu wälzen aufhört. Gefangene Aale bewahrt man am besten in einem Weidenkorbe — sehr eng geflochten, mit fest schließendem Deckel — auf und befördert sie, Schweif voraus, hinein; zu widerraten ist eine Versorgung in einem sog. Tragnetz; es ist erstaunlich, wie sich selbst große Aale, Schweif voraus, auch durch enge Maschen wieder hinausarbeiten.

Einen eigentlichen Drill kann man beim Aal nicht anwenden, wegen seiner unheimlichen Eigenschaft, sich ins Geräte zu verschlingen und dann das Zeug, das seiner elastischen Federkraft beraubt ist, zu sprengen oder abzudrehen, was man beobachten kann, wenn die Berufsfischer ihre Legeangeln aufheben, wie viele abgedreht sind.

Die Saison für den Aalfang beginnt im Frühjahr, wenn die Nächte warm werden — vorher ist sein gelegentlicher Fang Zufallssache und erreicht ihren Höhepunkt, wenn die Oligoneuria, im Volksmund »Weißwurm« genannt, zu schwärmen beginnt — also ungefähr um den 10 August. Sein Erscheinen signalisiert die Aalwanderung zum Meere. — Ende August ist diese gewöhnlich beendet und nachher ist das spezielle Fischen auf den Aal nicht mehr lohnend, er beißt spärlicher, und je kühler die Nächte werden, desto mehr nimmt seine Angriffslust ab.

Das Aitel oder der Döbel. *Squalius cephalus*
(Dickkopf. Alten. Alet. Aland. Chub. Chevaine)

ist ein dankbares Objekt für die Grundangelei, dank seiner großen Gefräßigkeit, welche ihn alle Köder gern und gierig ergreifen läßt; dabei erreicht er in manchen Gewässern oft recht bedeutende Größen, 3—4 Pfd. und darüber. Übrigens muß ich zu seiner Ehrenrettung bemerken, daß große Aitel von 2 Pfd. aufwärts zwar auch ziemlich grätiges, aber sonst recht wohlschmeckendes Fleisch haben und saftig gebraten nicht übel schmecken. Weil der Döbel ebenso scheu und vorsichtig ist, wie er gierig ist, bereitet sein Fang Vergnügen, besonders wenn man einen ganz großen überlisten konnte. Im Sommer steht er gerne hoch, besonders wenn die Sonne warm scheint, und

Das Aitel

ist dann mehr ein Objekt für Flug-, Tipp- und Spinnangel.
— Im Herbst geht er mehr in die Tiefe, um so mehr, je kälter
die Nächte werden — dann ist er das Ziel des Grundanglers.

Er lebt in Flüssen und Bächen, wenn dieselben etwas wär-
meres Wasser haben — kalte Gebirgswässer hat er nicht gern —,
und zehrt von allem, was sich ihm bietet, auch Laich und Jung-
fische, bis reichlich Fingerlänge, verschmäht er nicht, weshalb
er für den Salmonidenfischer und Heger ein sehr ungern ge-
sehener Gast im Wasser ist. In größeren Wässern liebt er ruhigeres Wasser, am Rande stärkerer Strömung, Wirbel und Rückströmung, im allgemeinen mit mehr weichem Grunde, Hinter-
stände in Schilfbänken, Stauwasser oberhalb Mühlen und Wehren
und Altwässer, wenn sie nicht allzusehr vergrast sind.

Er geht das ganze Jahr an die Angel; wenn das Eis weg ist,
kann man schon mit seinem Fange beginnen, er beißt aber auch
im Winter, selbst unterm Eis.

Im Sommer wird man ihn mit einer ziemlich hochgestellten
Floßangel leicht erbeuten, wenn man zwei Dinge nie außer acht
läßt: sich nicht sehen zu lassen — und möglichst feines Zeug,
besonders Schwimmer zu gebrauchen.

Die Rute sei leicht, lieber etwas länger als zu kurz, nicht
zu steif, — in kleinen Flüssen und Bächen tut's jede Forellen-
rute, Rollschnur Nr. 1, 8 Pfd. Tragkraft — Poilzug 1 m lang von
feinem, aber bestem Poil, Floß — wenn man damit angelt, möglichst unscheinbar — am besten ein Gänsekiel. — Da man große
Köder verwendet, braucht man zum Seichtangeln kein Blei.
Man nahe dem Wasser mit größter Vorsicht und lasse von
fernher den Köder dem hochstehenden Döbel zutreiben, dann
wird er ihn auch vertraut nehmen. In größeren Wirbeln,
Rückläufen u. dgl. empfiehlt sich das festliegende Floß, be-

sonders das von mir empfohlene (s. d.), besonders wenn das
Wasser angetrübt ist; in klarem Wasser ist und bleibt im
Sommer das Beste: die Fliege oder das natürliche Insekt.

Die richtige Grundangeleisaison beginnt ungefähr Mitte
September, wenn die Pflaumen blau werden, welche dann für
den Döbel ein vorzüglicher Köder sind; ebenso Kartoffeln und
Teige, besonders wenn man mit dem festliegenden Floß angelt.
Pflaumen, ev. auch Weintrauben, ködert man am besten an
eine Doppelangel, wie sie zur Fliegenfischerei verwendet wird,
nur etwa Größe 10—8. — Die gewöhnlichen Ködernadeln
zerreißen die ohnedies weichen Köder zu sehr — ich verwende
daher eine große sog. Stopfnadel mit weitem Öhr (Fig. 36),

Fig. 36.

in welches ich einen Einschnitt einfeile, um die Poilschleife
einhängen zu können (Fig 35), und ködere, wie Fig. 37 und 38
zeigt; ich gebe der Doppelangel den Vorzug vor dem oft
empfohlenen Drilling, von dessen Verwendung ich abgekommen
bin. Wann dann nach den ersten Frösten die Döbel ganz in

Fig. 37.   Fig. 38.

die Tiefe gehen, beginnt die Fischerei mit dem Bodenblei, wo-
bei sich besonders 2 Köder bewähren — das nicht immer und
überall zu beschaffende Neunauge, nach meiner Manier angeködert, ist fast unfehlbar, aber eben schwer zu haben —:
nämlich Stücke von Fischen, z. B. halbe Kreßlinge und der
nirgends erwähnte, dagegen in Böhmen fast überall ausschließlich verwendete Darm von der Gans.

Man angelt mit dem Zug aus Draht, aber nur von 0,3 mm
Stärke, kleinem Bleikügelchen, 4—7 mm, da jetzt der Döbel
nur in tiefem, mäßig strömendem Wasser steht, und verwendet

einfache Haken, Limerik-, Snekbent-, Rundhaken, noch besser
Perfekt Größe 4—1, je nach Klarheit des Wassers, bei trübem
Wasser ev. 1/0. Der Darm muß gut gereinigt und gewaschen
sein, darf aber nicht aufgeschlitzt werden — behufs
Konservierung kann man ihn, gut ausgepreßt, in trockenem
Salz in verschlossenem Glasgefäß aufbewahren. — Unmittel-
bar über dem Haken wird ein großes Schrotkorn angeklemmt.

Man nimmt ein 25 cm langes Stück und fädelt es wie einen
Wurm über den ganzen Haken bis ein Stück aufs Poil hinauf
(Fig. 39a), sticht dann die Spitze durch, schiebt das aufgefädelte
Stück am Poil herauf und macht einen Knoten unter dem
Schrot (Fig. 39b). Sodann sticht man wieder durch den Darm
und zieht ihn auf den Haken, bis die Spitze bedeckt ist. Das
letzte Stück hängt dann 10—15 cm frei herab und flottiert
im Strome, was sehr anziehend wirkt (Fig. 39c).

 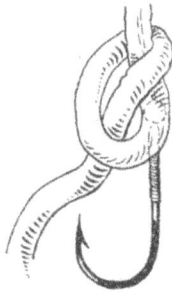 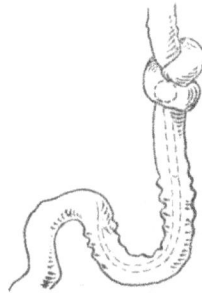

Fig. 39 a. Fig. 39 b. Fig. 39 c.

Wichtig ist, daß der Senker nicht weiter als 30—35 cm
vom Köder entfernt sei, sonst spürt man den Biß nicht exakt
und versäumt den Anhieb. Man wirft ziemlich weit ein und hält
die Rute in der Hand — hier ist das unerläßlich, denn der
Döbel beißt nur mit einem einzigen gierigen Ruck, während-
dessen der Anhieb erfolgen muß — sonst ist's zu spät, denn so
gefräßig er ist, beim geringsten Widerhalt läßt er sofort aus,
und bei seinem weiten Maul ist's ein großer Zufall, wenn er
sich selbst den Haken ins Maul treibt, um so weniger, als er
nicht nach Art der Salmoniden beim Angriff die Wendung
stromab macht.

Ist er angehauen, so versucht er wohl, wenn er größer ist,
eine oder die andere plumpe Flucht — meistens spreizt er sich
nur und gibt einem stetigen strammen Zuge nach, um sich dann
willig ins Landungsnetz führen zu lassen.

Der Flußbarsch. *Perca fluviatilis*
(Bürschling. Krätzer. Schratz. Egli. Perch. Perche)

Der Flußbarsch

ist ein ausgesprochener Raubfisch, welcher jeden Köder, der
ihm halbwegs mundgerecht vorgeführt wird, mit Gier ergreift
und leicht erbeutet werden kann; dieser Umstand sowie sein
vorzügliches Fleisch lassen ihn zu einem begehrten Fang-
objekt werden. Da er außerdem gesellig, oft in großen Scharen
lebt, ist sein Fang außerdem noch sehr dankbar, besonders
dort, wo er halbwegs ansehnliche Größe erlangt, d. i. in warmen,
nahrungsreichen Gewässern, besonders im Osten und Norden.
In kalten Wässern gedeiht er nicht sonderlich gut und wird da
selten größer als handlang. Er steht in den Flüssen in tiefem,
ruhig strömendem oder wirbelndem Wasser, in den Tümpeln
und Gumpen auf der tiefen Seite, am liebsten in der Rückströmung, aber auch in den Altwässern — in der Nähe von
Schilf, Krautbetten, hinter großen Steinen, an Brücken und
Landungsstegen und unter Floßholz, Eisbrechern oder Pilotenwerk, immer in der Nähe des Grundes, außer er jagt auf hochstehende Lauben u. a.

    Sein Fang kann mit Ausnahme der Schonzeit das ganze
Jahr hindurch betrieben werden, sogar im tiefen Winter und
unterm Eis.

    Zu seinem Fange dienen die Grundangeln mit festliegen-
dem Floß, mit dem Bodenblei, mit der Paternosterangel und
die Floßangel mit lebenden Fischen. Als Köder für die ersteren
dienen vor allem Würmer, besonders Tauwürmer im zeitlichen
Frühjahr und Winter, sowie bei hohem angetrübtem Wasser,

im Sommer bei Niederwasser Rotwürmer und Goldschwänze
—. aber auch Stücke von Fischen (siehe Anköderung beim
Döbel), auch der Gänsedarm, Stücke von Muschelfleisch und
Frösche sind gute Köder.

Die Gerte kann lang und nicht steif sein, Rollschnur Nr. 1,
Vorfach von einfachem, mittelstarkem Poil, 1 m lang, — das
Floß nicht zu groß; der Köder soll am Grunde oder in dessen
nächster Nähe liegen. Aus diesem Grunde empfiehlt sich die
Paternosterangel, besonders in tiefen Gewässern mit 2, höchstens
3 Angeln armiert, welche es gestatten, dem Barsch verschiedene
Köder anzubieten; Hakengröße: 8—10, für lebendes Fischchen
an Poil Haken Nr. 4—1 an feinem Gimp oder besser doppeltes
Poil, ev. Punjabdraht, wegen der Möglichkeit, daß ein Hecht
beißt.

Auch zum Barschfischen habe ich den modifizierten, beim
Aal beschriebenen Bodenbleizug aus feinem, 0,3—0,4 mm
starkem Messingdraht als äußerst verwendbar gefunden; in
Flüssen, welche an und für sich immer etwas trüber sind, ist
ja der Draht fast unsichtlich — in Seen, welche klarer sind,
dürfte er aber auch verwendbar sein —, ich habe persönlich
kein Urteil darüber, weil ich nie damit in einem solchen geangelt
habe. Fischt man mit dem Floß und lebenden Fischchen, dann
nehme man ein kleines, gleitendes Floß von länglicher Form
(Fig. 40), wie Abbildung in ½ natürlicher Größe zeigt. Dieses

Fig. 40.

trägt einen entsprechend schweren Senker und Köderfisch
und gibt dem Zuge des beißenden Barsches besser nach als
die vielfach gebrauchten, eiförmigen oder gar runden Schwimmer, die meist viel zu groß sind. Seine Tiefe wird eingestellt
durch einen in die Schnur geknüpften Gummifaden, welcher
auch durch die Ringe gleitet. Als Senker empfehle ich statt
einer Bleikugel mehrere gröbere Schröte 4—4½ mm — als
Hakengröße 6—4 — einfache Perfekt- oder Sneckbenthaken,
dem Köderfisch nur knapp unter und hinter der Rückenflosse
eingeführt, so daß derselbe nach vorn und unten schwimmen

muß (Fig. 41). Als Köderfische eignen sich am besten kleine,
5—6 cm lange Kreßlinge; sehr gut sind auch Karauschen und
Schlammbeißer (Bartgrundeln), leider nicht überall zu haben.

Fig. 41.

Ich kann es nicht unterlassen, hier einer Fangart Erwähnung
zu tun, die ich zwar selbst nur ein einziges Mal erproben konnte,
welche aber durch den unerwarteten Erfolg, den sie mir brachte,
geeignet erscheint, in ausgedehnterem Maße verwendet zu
werden. Vielleicht würde sie die immerhin etwas primitive
Anwendung des Zuckfisches oder »Kosaken«, besonders bei
der Fischerei unterm Eis durch eine feinere Methode ersetzen.
Dr. Heintz schreibt im »Angelsport im Süßwasser« davon, daß
die oberitalienischen Fischer auf Barsche
mit einem fliegenartigen Spinner schleppen.

In Odessa lernte ich im Sommer 1918
eine Art Makrelen zu fischen kennen, bei
welcher mit einer 6—8 m langen Bambusrute
ein Paternosterzeug gehoben und gesenkt
wird, welches an einem ca. 2 m langen Poilzug

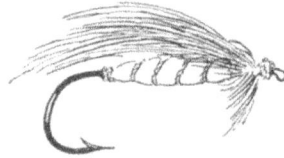

Fig. 42.   Fig. 43.

8—10 große, weiße Fliegen springerartig eingezogen trägt. Ich
verfertigte mir also einen solchen Zug, natürlich entsprechend
feiner mit drei solchen Fliegen, Fig. 42 und 43; nur verwendete ich statt Haken Nr. 1—1/0 Doppelfliegenhaken Nr. 8
— und angelte gelegentlich meines Urlaubes in der Wereszyca, wo ich einige hervorragende Barschplätze kannte — mit
einem geradezu verblüffenden Erfolge. Leider hatte ich seit-

her nie mehr Gelegenheit, an einem Barschwasser zu angeln, aber es möchte mich freuen, zu hören, daß diese Methode auch anderwärts sich brauchbar und erfolgreich erwiesen hat.

Der Barsch beißt gewöhnlich ziemlich energisch, dann haue man gleich an, sobald er die ersten Rucke macht — manchesmal jedoch beißt er vorsichtig, ziehend, dann warte man mit dem Anhieb einige Augenblicke; der Anhieb darf nicht scharf sein, — wie Dr. Heintz ganz richtig bemerkt, es genügt ein strammes Heben der Gerte, denn der Barsch hat ein zartes Maul — deshalb muß man ihn auch beim Drill zart behandeln und stetig, aber ohne zu reißen, dem Landungsplatze oder -netze zuführen.

Es erübrigt sich, noch ein Wort über das Wetter und die Tageszeit zum Barschangeln zu sprechen. Im allgemeinen ist bei Sonnenbrand und Windstille nicht viel zu holen — dagegen bei warmem, trübem Wetter, besonders wenn es dabei noch windig ist, mehr Erfolg zu hoffen, ganz besonders, wenn das Wasser etwas hoch und angetrübt ist. Kühle, regnerische und dabei windige Tage sind unbedingt die besten — sonst ist nur der Morgen, noch besser der Spätnachmittag und Abend gut, außer im Spätherbst, wo es dann wieder die milden, sonnigen Tage sind, welche besonderen Erfolg versprechen. Wenn dagegen im Winter klarer Frost herrscht und noch dazu Ostwind weht, steigt der Barsch nicht nach der Angel.

Der Hecht. *Esox lucius*
(Pike. Brochet.)

Der Hecht

bietet viel edleren Sport in der Ausübung des kunstvollen Spinnens, und die Fälle, wo man dem Einsiedler mittels des am Bodenblei oder Paternoster versenkten Köderfisches eigens und allein an den Leib rückt, sind auch in einem langen und reichen Anglerleben zu zählen. Ich will hier der Vollständigkeit halber nur einer in Böhmen und eigentlich auch nur in der weiteren Umgebung von Prag auf der Beraun und

Sazawa, welche reich an verkrauteten Altwässern sind, geübten Methode Erwähnung tun, welche ungefähr das Mittelding zwischen Spinnen und Grundangeln ist — nicht annähernd so konstvoll wie ersteres, anderseits reizvoller als letzteres.

Zu dieser Methode, welche dort »Šouráni« oder »Souračka« heißt (vom tschechischen »Sourati« = hinschleifen), verwenden die dortigen Angler einen 5—6 m langen, einfachen Bambusstock ohne Rolle, als Angelschnur Messingdraht o,6—o,8 mm, stark, in der Länge des Stockes; am Ende einen kleinen Einhängewirbel, darüber ein kleines Blei. Als Angel einen einfachen Haken Nr. 2, 1, 1/o, an feinem Gimp oder auch 2—3fachem Poil, der einem kleinen, frisch getöteten Köderfisch, gewöhnlich einem Kreßling durch Ober- und Unterlippe geführt wird. Man schleicht sich entlang des Ufers hin und wirft den Fisch lautlos zwischen Seerosen, in Lücken, zwischen Schilf usw., läßt ihn sinken, zieht ihn ganz langsam unter Heben und Senken, im Zickzack bis ans Ufer. Dem beißenden Hecht wird durch Senken Schnur gelassen und nach ca. 5 Sekunden angehauen, worauf der Hecht einfach forciert wird, ehe er richtig zur Besinnung kommt. Der Haken sitzt regelmäßig im Mundwinkel, so daß kleine Fische unbeschädigt wieder zurückgeworfen werden können.

Ich habe diese Methode auch geübt, sie aber mehr der Wissenschaft halber betrieben und wieder aufgegeben, weil bei ihr das Aufregungsmoment, der Kampf mit dem Fisch, wegfällt.

Der Zander oder Schill. *Lucioperca sandra.*

(Amaul. Hechtbarsch. Fogasch oder Fogas. Pike-Perch. Sandre.)

Der Zander.

Der Zander kommt noch eher für die Grundfischerei in Betracht als der Hecht, sowohl für das Angeln mit Bodenblei als auch für die Paternosterangel, besonders im Spätherbste, wo er in

Tiefen von 3—6 m in ruhiger Strömung oder langen Rückläufen, hinter Brückenpfeilern und Eisbrechern oder unter großen Steinen seinen Stand sucht.

Mit Spinnen ist da meistens nichts zu machen, da man den Spinnköder, der erstens einmal sehr klein und unsichtlich armiert sein muß, zweitens möglichst unsichtliches Blei tragen soll, nicht so tief hinunterbringt — auch die Floßangel läßt einen an solchen Stellen im Stich, besonders wenn der Boden stark uneben ist und womöglich noch durch versunkenes Holz oder Schiffe u. dgl. verunreinigt ist und man einen Hänger nach dem andern hat. Zudem ist der Zander so ungemein scheu und vorsichtig wie wenige Fische und leicht vergrämt.

Ich verwende zur Paternosterangel Draht von 0,4 mm Stärke, mit zwei rotierenden Armen nach Dr. Heintz. Der erste steht ca. 30—40 cm über dem Boden, der zweite 60 cm höher — an den unteren ködere ich einen ganz kleinen, lebenden Kreßling oder, wenn ich sie haben kann, eine Karausche, höchstens 6 cm lang, an einem Roundhaken Nr. 4—1 an stärkstem Poil durch die Oberlippe, am oberen, wenn ich sie haben kann, Neunaugen — sonst auch wie unten und suche die ganze Gegend ab — unter ganz leichtem, äußerst langsamem Heben und Senken und Einziehen der Schnur — beißt der Zander, dann gebe ich ihm Schnur, bis er stehen bleibt; sobald er wieder anzieht, erfolgt der kurze Anhieb.

Sein Drill bereitet keine besondere Schwierigkeit, nur darf die Schnur nie locker werden, denn er hat ein knochiges Maul, und ein einzelner Haken wird dann leicht locker und reißt aus. Strammes Halten und ein ruhiger, gleichmäßiger Zug sind bei ihm wichtiger als wo anders.

Verwendet man die Floßangel, so gebraucht man dieselbe, wie beim Barsch beschrieben, ebenfalls mit kleinen und kleinsten Köderfischen, mache mit Rücksicht auf deren zartes Leben keine weiten Würfe und lasse sie einfach rinnen; vor allem hüte man sich — das habe ich noch in keinem Lehrbuch erwähnt gefunden — den rinnenden Köder irgendwie zu verhalten, so daß sich das Wasser an ihm staut oder er in eine rückläufige Bewegung kommt — damit kann man den vorsichtigen Zander am sichersten vergrämen; im glatt rinnenden Wasser gebe man Schnur aus und folge langsam nach — in Wirbeln verweile man recht lange, nehme aber immer die Schnur so weit auf, daß die Rückströmung nicht den rinnenden Köderfisch aufhalte.

Beißt der Zander, so taucht das Floß unter — man beeile sich nicht mit dem Anhieb — warte vielmehr, bis es stehen

bleibt, und haue erst beim Weitersegeln an. Man nehme kein
größeres Floß, als beim Barsch abgebildet, und als Senker,
so wie dort, nur Schrotkörner und senke möglichst nahe zum
Grunde, doch auch nicht zu tief, da bei unebenem Grund der
Köderfisch die Neigung hat, unter Steine usw. zu flüchten.

Die Rutte, Aalrutte oder Quappe. *Lota vulgaris.*
(Aalquappe. Aalrutte. Trüsche. Burbot oder Eel Pout. Lotte.)

Die Rutte

ist trotz ihres häufigen Vorkommens verhältnismäßig wenig
gekannt, ja es gibt Angler, welche in jahrelanger Ausübung
des Sportes den Fisch nicht nur nicht gefangen, ja sogar nicht
einmal gesehen haben.

Das kommt daher, daß er ein ausgesprochenes, nächtliches
Räuberleben führt, bei Tag in Faschinenbauten, Steinwurf,
versunkenem Holz unter Einbauten von Mühlen und Wehren
u. dgl. verborgen ist.

Die Aalrutte kommt auch nicht überall gleich häufig vor,
aber häufiger, als man annimmt.

Sie wird auch meist nur an der Legeangel gefangen — wer
aber Gelegenheit hat, Aalrutten mit der Grundangel zu fangen,
der sollte sich das Vergnügen nicht versagen — außer in Sal-
monidenwässern, wegen der Gefahr, sich gute Forellen zu ver-
angeln. Dort ist einzig und allein die Reuse am Platze, um dem
gefährlichen Räuber wirksam beizukommen.

Die Aalrutte beißt am besten in ganz dunklen, stillen
Nächten, sowohl im Sommer wie im Winter, in tiefem, mäßig
strömendem Wasser und in Wirbeln. Die beste Methode ist das

Bodenblei, noch besser die Paternosterangel, Zug aus 0,6 mm starkem Draht, ein Köder knapp über dem Boden, der zweite 30 cm drüber, Haken Nr. 4—1 an stärkstem, einfachem Poil, als Köder Tauwürmer, und zwar große in »Hosen«-Art geködert, kleine lebende Pfrillen oder Koppen oder Kreßlinge und das Beste, das leider eben, wie oft erwähnt, nicht stets zu habende Neunauge.

Die Rute sei lang, etwas steif, als Rollschnur kann man Nr. 2, 10—12 Pfd. Tragkraft, nehmen, da man ohnedies bei Nacht angelt. Die ganze Schnur soll nicht länger sein als der Stock, da man in der Finsternis, oft im kupierten Terrain nicht viel drillen kann.

Man schwingt die Angel ein, schiebt die Sperre an der Rolle vor und steckt die Gerte mit dem Speer in die Erde. Die Rutte beißt äußerst gierig und zieht dabei Schnur von der Rolle — sobald diese zu Knarren beginnt, haut man an und befördert den Fisch mit einem gleichmäßigen Zug ans Ufer — wichtig ist, ja nicht die Schnur aus der Spannung zu lassen, sonst flüchtet sie unter Steine, Faschinen u. dgl. und geht regelmäßig oft samt dem Zeuge verloren.

Ist sie tief verangelt, plage man sich in der Finsternis nicht lange mit dem Abködern, töte sie und nehme eine neue Angel; es empfiehlt sich deshalb auch der Gebrauch von Ein- hängewirbeln, die ein rasches und bequemes Ein- und Aus- hängen der Poilschleifen gestatten, z B. der Spiralwirbel. Ich lernte diese Art, Rutten zu angeln, vor Jahren an der Cydlina in Böhmen kennen, in welcher es sehr viele gab und wo sie eine bedeutende Größe erreichten.

Mit einem Angelfreunde zusammen machten wir oft ganz ansehnliche Strecken und erbeuteten häufig Stücke mit vier und mehr Pfund.

Jedenfalls sollte es kein Angler, der in seinem Wasser Rutten hat, oder vermutet, versäumen, diesem lichtscheuen Gesellen auf geschilderte Art und Weise an den Leib zu gehen, denn es ist ganz reizend, in stiller, finsterer Nacht auf den Anbiß zu lauern, und oft wird man überrascht durch die ganz ungeahnte Beute, welche man macht, ganz abge- sehen davon, daß die Aalrutte ein vorzüglicher Tafelfisch und das Opfer einiger Stunden Nachtruhe in jeder Beziehung wert ist.

Das kleine Volk der

Köderfische

als Lauben, Kreßlinge (oder Grundlinge), Pfrillen, Strömer
und Hasel kommt für den Grundangler in der Hauptsache als
Zweckobjekt in Betracht, als Unterhaltung in müßigen Stunden,

Die Laube. *Alburnus lucidus.*
(Uckelei. Laugele. Silberling. Bleak. Ablette.)

Die Laube.

soweit es sich um Köderfische im Sinne des Wortes handelt,
vielleicht um einen Vorrat zum Konservieren in Formalin zu
erhalten, ev. wenn man einen sog. »Granter«, das ist ein Bassin

Der Hasel. *Squalius leuciscus.*
(Häsling. Weißer Döbel. Dace. Vandoise.)

Der Hasel.

mit Zu- und Abfluß, hat, diesen für kommende Tage, an welchen
es dem Hecht oder gar anderen edleren Räubern gilt, zu
füllen.

Als Speisefisch kommt nur der Kreßling in Betracht,
dessen Fang recht belustigend und dankbar ist, ev. noch der
Rotzbarsch (Kaulbarsch), der auch ein feines Fleisch hat und
gierig an die Angel geht.

Man angelt mit feinstem Zeug, kleinsten Haken und Schwimmern und ködert Maden oder Wurmstückchen.

Der Krefsling. *Gobio fluviatilis.*
(Gründling. Grefsling. Gudgeon. Goujon.)

Der Kreßling.

Auf Lauben und Hasel stellt man seicht, auf die anderen auf die halbe Wassertiefe, ev., wenn es kälter ist, also z. B. im Herbste, bis nahe zum Grunde.

Winter. Grundangelei.

www.ingramcontent.com/pod-product-compliance
Lightning Source LLC
Chambersburg PA
CBHW031451180326
41458CB00002B/736